KB209318

하유정 선생님과 함께하는

초등 입학 준비 100

하유정 글, 무늬 그림

책읽는곰

하유정 선생님과 함께하는
초등 입학 준비 100

ⓒ 하유정, 무늬, 2024

초판 1쇄 인쇄 2024년 10월 28일 ◦ 초판 1쇄 발행 2024년 11월 18일
ISBN 979-11-5836-502-8 73590

펴낸이 임선희 ◦ 펴낸곳 ㈜책읽는곰 ◦ 출판등록 제2017-000301호
주소 서울시 마포구 성지길 48 ◦ 전화 02-332-2672~3
팩스 02-338-2672 ◦ 홈페이지 www.bearbooks.co.kr
전자우편 bear@bearbooks.co.kr ◦ SNS Instagram@bearbooks_pulishers

책임 편집 이다정 ◦ 책임 디자인 김지은

편집 우지영, 우진영, 최아라, 박혜진, 김다예, 윤주영, 도아라, 홍은채
디자인 김아미, 김은지, 이설 ◦ 마케팅 정승호, 배현석, 김선아, 이서윤, 백경희
경영관리 고성림, 이민종 ◦ 저작권 민유리
협력업체 이피에스, 두성피앤엘, 월드페이퍼, 해인문화사, 으뜸래핑, 도서유통 천리마

1학년은 무엇을 배울까요?

1학년은 크게 한 가지 목표를 두고 학교생활을 합니다.

바로 '기본 생활 습관 형성'입니다.

시간 약속 지키기, 친구들과 사이좋게 지내기,

질서 잘 지키기, 예쁘고 다정하게 말하기,

골고루 잘 먹기 같은 기본적인 생활 습관을 말합니다.

학교에서 배우는 내용치고는 너무 가볍지 않느냐고요?

결코 가볍지 않습니다.

사소하지만 그 무엇보다 중요한 공부거든요.

저는 '사람됨'을 배우는 과정이라고 표현합니다.

그야말로 '멋진 어린이'로 거듭나는 1년을 보내는 거지요.

습관은 단번에 몸에 배지 않습니다.

시간과 공을 들여야 몸에 스며들죠.

아이들은 학교생활을 통해 질서를 지킨다는 게 어떤 행동인지

선생님과 다른 친구들의 시범을 보고, 배우고, 연습합니다.

공부와 놀이의 경계를 구분하고, 시간 약속을 지키려고도 노력합니다.

아이들은 이렇게 좋은 습관을 온몸으로 익히게 됩니다.

가정에서도 좋은 습관이 아이 몸에 밸 수 있도록 함께 애써 주세요.

한 아이를 잘 성장시키려면

학교와 가정 모두의 노력이 필요하니까요.

어디든학교 하유정 드림

하유정

19년째 초등학교에서 아이들을 가르치는 현직 교사이자, 초등과 중등 두 딸을 키우는 엄마입니다. 교육의 사각지대 없이 누구나 쉽게 접근할 수 있는 온라인 학습 환경을 제공하고자 유튜브 채널 '어디든학교'를 운영하고 있습니다. 특히 입학을 준비하는 아이들부터 볼 수 있는 학습 영상을 만들어 왔고, 전체 360여 개 영상 중 절반 가량이 1학년 학습 콘텐츠로 구성되어 있습니다. 더 효과적이고 재미있는 교육을 위해 교육 방법·교육 공학 전공으로 석사 학위를 받았으며, 현재는 비인지 능력 개발과 같은 내적 성장을 연구하기 위해 교육 심리 및 상담 심리 박사 과정을 밟고 있습니다.

4년간 1학년 담임을 맡았고, 두 딸의 1학년 생활을 지켜보며 학부모로서도 많은 경험을 쌓았습니다. 그 경험을 바탕으로 《하유정 선생님과 함께하는 초등 입학 준비 100》을 집필하며 1학년의 학교생활, 생활 습관, 학습 태도와 지도법을 세세하게 정리하였습니다. 그동안 지은 책으로 《두근두근 초등 1학년 입학 준비》, 《초등 공부 습관 바이블》, 《두근두근 1학년 첫 공부책》, 《기적의 초등어휘일력 365》, 《1학년 한글 떼기》, 《1학년 시계 달력》들이 있으며, 오늘도 더 나은 교육을 위해 강연과 영상 제작, 글쓰기에 힘쓰고 있습니다.

인스타그램 @anywhere_school
유튜브 · 네이버 블로그 어디든학교

무늬

몽글몽글한 일상 속 귀여운 순간을 포착해 그림에 담는 일러스트레이터 무늬입니다. 삽화, 포스터, 캐릭터 등 다양한 분야에서 페인팅과 디지털 기반으로 작업을 하고 있습니다. 다정한 그림과 이야기로 보는 이에게 온기를 전하고자 합니다.

인스타그램 @moony_spot

안녕하세요, 어린이 친구들!

이 책에는 학교에 가기 전에 알아 두어야 할 것들과
멋진 1학년이 되기 위해서 꼭 만들어야 할 습관
100가지를 골라 담았어요.
하루에 하나씩 차근차근 연습하며 몸에 익혀 보세요.

자, 이제 여러분이 무엇을 잘하고
무엇을 어려워하는지 확인해 볼까요?

자녀의 초등학교 입학을 앞둔 부모님에게

학교에 입학하기 전에 부모님이 준비해 주셔야 할 10가지입니다.
앞으로의 내용을 따라가면서 차근차근 준비해 보세요.

1. 예비 소집일 날짜를 확인했나요? ☐

2. 입학 전 필수 예방 접종을 완료했나요? ☐

3. 방과 후 돌봄이 필요한 경우에 준비가 됐나요? ☐

4. 아이에게 아동 범죄 관련 주의 사항과
   도움을 요청하는 말을 알려 주었나요? ☐

5. 아이와 함께 학교 주변을 둘러보며
   안전 지도를 했나요? ☐

6. 책가방을 비롯한 등교 물품을 준비했나요? ☐

7. 시간 개념을 조금씩 인지시키고 있나요? ☐

8. 아이와 함께 매일 책을 읽고 있나요? ☐

9. 아이가 해야 할 일을 알려 주고,
   스스로 하도록 돕고 있나요? ☐

10. 학교생활에 대한 긍정적인 이미지를
    심어 주고 있나요? ☐

초등학교 입학을 앞둔 어린이에게

지금 스스로 할 수 있는 일에 체크해 보세요.

1. 매일 일정한 시각에 잠을 자고, 일어나나요? ☐

2. 스스로 세수하고 양치를 하나요? ☐

3. 스스로 옷을 입고 벗을 수 있나요? ☐

4. 젓가락과 숟가락으로 식사를 하나요? ☐

5. 밥과 반찬을 골고루 먹나요? ☐

6. 혼자 화장실을 사용할 수 있나요? ☐

7. 횡단보도를 안전하게 건널 수 있나요? ☐

8. 자기 물건을 스스로 정리할 수 있나요? ☐

9. 스마트 기기는 약속한 시간에만 사용하나요? ☐

10. 내 의견을 정확하게 말할 수 있나요? ☐

11. 높임말과 고운 말을 사용하나요? ☐

12. 자신의 이름을 쓸 수 있나요? ☐

13. 매일 책을 읽나요? ☐

많이 체크하지 못했다고 속상해하지 말아요. 지금부터 선생님과 함께 차근차근 익혀 나가면 되니까요.

앞으로 배울 내용

작은 것부터 스스로 해내는 습관을 만들어요.

나와 모두의 안전을 위한 규칙을 배워요.

바르고 고운 말로 내 생각을 표현하고, 친구들과 사이좋게 지내요.

건강을 지키는 간단한 운동을 익혀요.

학용품을 올바르게 쓰고, 요일과 시계를 보는 법을 익혀요.

학교가 어떤 곳인지 미리 살펴보고 준비해요.

최대한 가벼운 가방이 좋아요.

수납공간이 여러 개 있으면 편리해요.

윗부분이 열리는 가방으로 준비해요.

오래 써도 질리지 않는 디자인을 골라요.

하유정 선생님의 한마디

책가방은 무조건 가벼운 것, 수납공간이 여러 개인 것, 가방 윗부분을 덮는 뚜껑 없이 지퍼로 쉽게 여닫을 수 있는 것 중에서 좋아하는 디자인으로 골라요. 가슴 고정 버클이 있으면 의자에 가방을 걸어야 할 때 흘러내리지 않아서 좋아요. 책가방은 몇 년씩 쓰기 때문에 신중하게 골라야 해요.

책가방을 준비해요

준비됐나요?

도장 꾹!

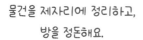

물건을 제자리에 정리하고,
방을 정돈해요.

이를 닦고, 세수를 해요.

기상 알람을 맞춰요.

자기 전에 책을 읽어요.

하유정 선생님의 한마디

    지역과 학교마다 약간의 차이는 있지만, 대체로 9시 전후에 1교시 수업이 시작됩니다. 수업 시작 전, 적어도 15분에서 20분 전에는 교실에 도착하는 게 좋아요. 원활한 학교생활을 위해서 일정한 시각에 자고 일어나는 습관이 중요한 이유예요. 일찍 자고 일찍 일어나는 습관을 기르기 위해 잠잘 준비부터 스스로 하도록 도와주세요.

생활 습관

02

잠잘 준비를 스스로 해요

참 잘 했어요. 도장 꾹!

처음 해 봤어요.	도움이 필요해요.	더 연습해 볼래요.	혼자서 해냈어요.	자신 있어요!

수저 두는 장소를 알아요.

식사 시간이 되면
수저를 꺼내요.

수저를 밥그릇 옆에
나란히 놓아요.

가족의 수저도 함께 챙기면 최고예요.

하유정 선생님의 한마디

식사 준비부터 뒷정리까지 가족이 함께하는 일로 만들어 주세요. 작은 일이라도 함께했을 때, 가족 구성원으로서 가치 있는 사람이라고 느끼게 됩니다. 스스로 수저를 챙길 수 있도록 손 닿는 곳에 수저통을 마련해 주세요. 집안일에 가족 모두가 기꺼이 참여하는 문화를 만들어 보세요.

식사 시간에 수저를 챙겨요

참 잘했어요. 도장 꾹!

| 처음 해 봤어요. | 도움이 필요해요. | 더 연습해 볼래요. | 혼자서 해냈어요. | 자신 있어요! |

미끄럼틀은 바르게 앉아서 타고,
거꾸로 오르지 않아요.

다른 친구가 그네를 탈 때는
앞뒤로 지나다니지 않아요.

정글짐에서 내려올 때는 아래에
사람이 없는지 확인해요.

구름사다리에 매달린 사람을
잡아당기거나 밀지 않아요.

하유정 선생님의 한마디

놀이터는 아이들이 제일 좋아하는 장소입니다. 동시에 안전사고가 가장 많이 일어나는 곳이기도 하지요. 놀이터에서 안전하게 노는 법, 놀이 기구를 안전하게 사용하는 법을 익혀야 합니다. 높은 곳에 오르거나 위험하게 노는 것을 용기 있는 행동으로 여기지 않도록 지도해 주세요. "용기와 위험한 행동은 달라. 안전하게 놀아야 재미있게 오랫동안 놀 수 있어."라고 말해 주세요.

놀이터에서 안전하게 놀아요

참 잘했어요. 도장 꾹!

| 처음 해 봤어요. | 도움이 필요해요. | 더 연습해 볼래요. | 혼자서 해냈어요. | 자신 있어요! |

집을 나서기 전에는 두 손을 모으고
허리를 숙여 인사해요.

학교
다녀오겠습니다.

길에서 친구를 만나면
반갑게 손을 흔들어요.

친구야, 안녕!

선생님을 만나면 두 손을
모으고 허리를 숙여 인사해요.

선생님,
안녕하세요!

친구와 헤어질 때는
손을 흔들며 인사해요.

친구야,
다음에 또 만나.

하유정 선생님의 한마디

대화의 물꼬를 트는 첫 단계가 인사입니다. 상대와의 친밀감을 높여 관계를 지속하는 데도 도움이 되고요. 사람과 사람 사이의 기본 예절이기도 합니다. 낯선 친구에게 먼저 다가가고 싶지만, 쑥스러운 마음에 인사를 주저하는 아이도 있습니다. 여러 상황을 제시하며 부모님과 함께 역할 놀이로 인사 연습을 해 보세요. 연습하다 보면 쑥스러움도 덜어질 거예요.

먼저 인사해요

참 잘 했어요. 도장 꾹!

처음 해 봤어요.   도움이 필요해요.   더 연습해 볼래요.   혼자서 해냈어요.   자신 있어요!

벗은 신발은 짝을 맞춰 놓아요.

신발의 앞부분이
현관문 쪽을 향하게 놓아요.

당장 신지 않을 신발은 신발장에 넣어요.

세탁이 필요한 신발은 따로 두어요.

하유정 선생님의 한마디

신발 정리는 비교적 간단하지만 정리하는 습관과 책임감을 기를 수 있는 일입니다. 여러 가지 집안일 중 신발 정리를 아이의 몫으로 정해 두면 아이는 책임감을 느끼게 됩니다. 신발을 가지런히 정리하는 것만으로 집의 첫인상이 깔끔하고 단정해지니, 결과 그 자체가 보상이 되는 근사한 활동 인 셈입니다.

신발을 가지런히 정리해요

참 잘했어요. 도장 꼭!

| 처음 해 봤어요. | 도움이 필요해요. | 더 연습해 볼래요. | 혼자서 해냈어요. | 자신 있어요! |

엉덩이를 의자 안쪽으로
바짝 붙여 앉아요.

양발은 바닥에 붙여요.

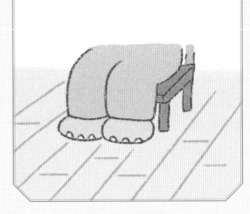

배가 책상에
닿을 듯 말 듯 할 정도로 앉아요.

다리를 꼬거나 흔드는 건 안 돼요.

하유정 선생님의 한마디

말로 하는 설명보다는 그림을 보여 주며 시각적으로 바른 자세를 인식하고 몸으로 익히도록 해 주세요. 어른의 시범에 큰 영향을 받는 시기이므로 부모님이 정확한 자세를 수시로 보여 주는 것이 중요합니다. 자기 모습을 거울로 비춰 보며 스스로 점검하게 하는 것도 잊지 마세요.

바른 자세로 앉아요

참 잘했어요. 도장 꾹!

처음 해 봤어요.　도움이 필요해요.　더 연습해 볼래요.　혼자서 해냈어요.　자신 있어요!

깨끗한 물로 손을 적셔요.

비누를 손에 골고루
문질러 거품을 만들어요.

손바닥, 손등, 손가락 사이,
손톱 밑을 골고루 문질러요.

거품이 남지 않도록
충분히 헹군 뒤, 수건으로 닦아요.

하유정 선생님의 한마디

손 씻기는 전염병을 예방하는 데 중요한 역할을 합니다. 특히 학교나 공공장소에서는 더욱 중요하지요. 식사 전, 화장실 사용 후, 외출 후는 물론이고 매일 정해진 시간에 수시로 손을 씻는 습관을 들여 주세요. "손에서 빛이 나는 것 같아!" 같은 칭찬은 올바른 행동을 지속하는 자양분이 됩니다.

손을 깨끗하게 씻어요

참 잘했어요. 도장 꾹!

○	○	○	○	○
처음 해 봤어요.	도움이 필요해요.	더 연습해 볼래요.	혼자서 해냈어요.	자신 있어요!

수저를 한 손에 쥐어요.

수저를 쥔 채로 식판 양쪽 끝을
단단히 잡아요.

앞을 잘 보고 천천히
식탁으로 걸어가요.

뜨거운 국물을 쏟지 않도록
조심히 내려놓아요.

하유정 선생님의 한마디

갓 입학한 아이들이 가장 어려워하는 것 중 하나가 '급식'입니다. 유치원 때와 달리 스스로 수저와 식판을 들어 옮겨야 하거든요. 가정에서도 아이가 수저와 식판을 안정적으로 들어 옮기는 법을 익힐 수 있도록 도와주세요. 뜨거운 국이 담긴 식판을 옮기기란 쉽지 않거든요. 식판을 들고 천천히 걷는 연습은 학교 급식에 잘 적응하는 데 큰 도움이 될 거예요.

밥과 반찬을 식탁으로 옮겨요

참 잘했어요. 도장 꾹!

처음 해 봤어요.   도움이 필요해요.   더 연습해 볼래요.   혼자서 해냈어요.   자신 있어요!

오른쪽으로 다녀요.

한 칸씩만 디뎌요.

앞사람과 간격을 유지해요.

난간에 오르거나 매달리지 않아요.

하유정 선생님의 한마디

계단을 한 번에 몇 개씩 뛰어내리기를 즐기는 아이들이 있습니다. 하지만 발이라도 잘못 디디게 되면 큰 사고로 이어지기 쉽습니다. 에스컬레이터를 탈 때도 마찬가지입니다. 반드시 손잡이를 잡고 발이 계단의 노란 안전선 안으로 들어오게 타도록 지도해 주세요. 자신도 모르는 사이 에스컬레이터 틈새에 옷이나 신발이 끼이지 않도록 유의해야 한다는 것도요.

계단을 안전하게 오르내려요

참 잘했어요. 도장 꾹!

○	○	○	○	○
처음 해 봤어요.	도움이 필요해요.	더 연습해 볼래요.	혼자서 해냈어요.	자신 있어요!

기쁜 표정이에요.

속상한 표정이에요.

슬픈 표정이에요.

화난 표정이에요.

하유정 선생님의 한마디

표정에는 사람들의 여러 감정과 삶의 모습이 묻어 나옵니다. 사람은 기쁨, 슬픔, 놀람, 분노, 공포, 혐오라는 여섯 가지 주된 감정 외에도 총 스물한 가지 감정을 표정에 담을 수 있다고 합니다. 표정을 살펴보며 어떤 감정인지 짐작하는 연습을 해 보세요. 다른 사람의 마음을 이해하고 공감하는 데 도움이 될 거예요.

다양한 표정을 읽어요

참 잘했어요. 도장 꾹!

| 처음 해 봤어요. | 도움이 필요해요. | 더 연습해 볼래요. | 혼자서 해냈어요. | 자신 있어요! |

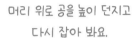

머리 위로 공을 높이 던지고
다시 잡아 봐요.

공을 바닥에 한 번 튀겨
잡아 봐요.

가족과 공을 바닥에
한 번 튀기고 주고받아요.

여러 가지 방법으로
공을 던지고 받아요.

하유정 선생님의 한마디

먼저 아이 혼자서 공의 촉감과 움직임을 경험할 수 있는 시간을 충분히 주세요. 그런 다음 아이와 둘이서 또는 온 가족이 함께 공을 주고받으며, 다른 사람과 함께하는 공놀이의 즐거움을 경험시켜 주세요. 공을 던지는 거리를 달리하며 장소의 공간감과 다른 사람과의 거리감을 동시에 느끼도록 해 보세요.

공 던지고 받기를 해요

집게손가락으로 누르며 칠해요.

힘을 가볍게 주면 연하게,
세게 주면 진하게 표현돼요.

넓은 면을 칠할 때는
눕혀서 칠해요.

선을 그릴 때는 세워서 그려요.

하유정 선생님의 한마디

　　손힘이 약한 어린이는 색연필을 사용하기 전에 크레파스처럼 손힘에 따라 두께와 진하기가 뚜
렷이 차이 나는 도구로 연습하는 것이 좋습니다. 크레파스로 손힘을 기르고 난 뒤에 색연필을 사용
하도록 지도해 주세요. 색연필은 크레파스에 비해 선을 그을 때 미끄럽기 때문이지요. 테두리 선을
지키며 꼼꼼히 칠하는 기술은 시범을 보여 주고, 직접 따라 하게 하는 것이 효과적이에요.

크레파스 사용법을 익혀요

참 잘했어요. 도장 꾹!

처음 해 봤어요.   도움이 필요해요.   더 연습해 볼래요.   혼자서 해냈어요.   자신 있어요!

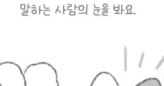

말하는 사람의 눈을 봐요.

상대방이 말할 때 고개를 끄덕여요.

맞장구치는 말을 해요.

아, 정말?

상대가 어떤 기분이었을지
공감을 표현하며 들어요.

정말
좋았겠다!

하유정 선생님의 한마디

　　다른 사람의 말에 집중하려면 상대방의 표정이나 몸짓 변화에도 세심한 주의를 기울여야 합니다. 아직 자기중심적인 시기라 타인에게 집중하기가 어려울 거예요. 그럴 때는 누군가가 내 이야기를 주의 깊게 듣지 않았을 때 어떤 마음이 들었는지를 떠올려 보게 하세요. 아이가 좋아하는 동물이나 음식, 놀이 등을 대화 주제로 삼아 경청하는 연습을 해 보는 것도 도움이 됩니다.

다른 사람의 말을
귀 기울여 들어요

참 잘했어요. 도장 꾹!

○	○	○	○	○
처음 해 봤어요.	도움이 필요해요.	더 연습해 볼래요.	혼자서 해냈어요!	자신 있어요!

손바닥에 물을 받아서 얼굴을 적셔요.

손바닥으로 비누 거품을 내요.

거품을 얼굴에 골고루 발라 부드럽게 문질러요.

물로 여러 번 헹궈 거품을 없애고, 수건으로 물기를 닦아요.

하유정 선생님의 한마디

"하루를 상쾌하게 시작하는 것, 하루의 피로를 씻어 내는 것이 세수야." 하고 세수라는 작은 행동에 긍정적인 의미를 부여해 주세요. 이 작은 행동으로 자신의 하루를 스스로 가꿀 수 있다는 유능감을 느끼게 될 거예요. 거품을 내어 세수하는 것이 익숙지 않을 수 있으니 적절한 시기까지는 도움을 주셔도 괜찮습니다.

혼자서 세수를 해요

처음 해 봤어요. 도움이 필요해요. 더 연습해 볼래요. 혼자서 해냈어요. 자신 있어요!

젓가락 하나를 엄지와 검지로 잡고,
중지로 받쳐요.

나머지 젓가락을 엄지 안쪽에 걸치고
약지로 받쳐요.

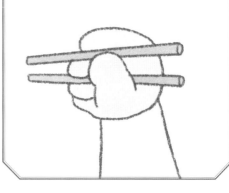

검지와 중지를 구부려
젓가락 끝을 모으거나 벌려 봐요.

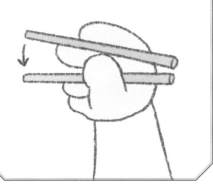

젓가락 끝을 모아서 음식을 집어요.

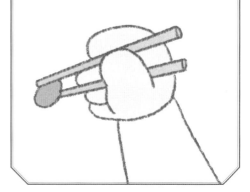

하유정 선생님의 한마디

　　많은 아이가 급식에 나온 음식 대부분을 숟가락으로 먹습니다. 쇠젓가락 사용이 서툴기 때문이
에요. 쇠젓가락은 유아용 젓가락에 비해 미끄럽고 무거워서 반복 연습이 필요합니다. 서툴고 불편
해한다고 포크만 사용하면 절대 능숙해질 수 없습니다. 젓가락으로 콩이나 작은 과자를 누가 더 잘
집는지 게임을 하는 것도 좋습니다.

젓가락 사용법을 배워요

참 잘했어요. 도장 꾹!

○	○	○	○	○
처음 해 봤어요.	도움이 필요해요.	더 연습해 볼래요.	혼자서 해냈어요.	자신 있어요!

길을 걸어가며 휴대폰을
사용하지 않아요.

전시물을 함부로 만지지 않아요.

공연을 볼 때는 지정된
좌석에 앉아요.

킥보드와 자전거는
정해진 공간에서만 타요.

하유정 선생님의 한마디

위험 상황이 발생하면 대형 사고로 이어질 수 있는 곳이 다중 이용 시설입니다. 도서관이나 공원, 식당이나 마트에서 일어날 수 있는 위험한 행동을 예상하고 적절한 예방법과 대처법을 익힐 수 있어야 합니다. 함께 살아가는 모든 사람이 안전하려면 나 자신부터 위험한 행동을 하지 않는 것이 우선이겠지요?

공공장소에서
안전하게 행동해요

참 잘했어요. 도장 꾹!

| 처음 해 봤어요. | 도움이 필요해요. | 더 연습해 볼래요. | 혼자서 해냈어요. | 자신 있어요! |

내 맘대로 자유롭게
자유선을 그려요.

아래로 쭉쭉 곧게 뻗은 선,
옆으로 쭉쭉 곧게 뻗은 선을 그려요.

옆으로 기울어진 선,
뾰족뾰족 꺾인 선을 그려요.

찰랑찰랑 굽은 선,
꼬불꼬불 달팽이 선을 그려요.

하유정 선생님의 한마디

　　왼쪽에서 오른쪽으로, 위에서 아래로 여러 형태의 선을 그리는 활동은 문자와 기호를 인식하는 첫걸음입니다. 선 그리기를 할 때는 선의 길이, 두께, 진하기를 달리하여 그리는 경험을 시켜 주세요. 다양한 질감의 필기구를 사용해 보는 경험도 중요합니다. 선을 그릴 때는 한 번에 그릴 수 있도록 지도합니다. 처음에는 짧은 선을, 나중에는 긴 선도 한 번에 그리도록 연습시켜 주세요.

여러 가지 선을 그려요

처음 해 봤어요   도움이 필요해요   더 연습해 봐요   혼자서 해냈어요   자신 있어요

부모님께 오늘 날씨를 여쭤보거나
날씨 정보를 찾아봐요.

기온에 따라 옷을 골라요.
더운 날엔 얇고 시원한 옷,
추운 날엔 두껍고 따뜻한 옷을 입어요.

비 오는 날에는 우산이나
우비를 챙기고 장화를 신어요.

햇빛이 강한 날에는
모자를 쓰고 자외선 차단제를 발라요.

하유정 선생님의 한마디

　날씨나 계절에 맞지 않는 옷차림으로 등교하는 아이들이 종종 있습니다. 한겨울에 짧은 반바지를 입고 오돌오돌 떠는 아이나 비 오는 날 축축하게 젖은 청바지와 양말 때문에 수업 내내 찝찝하다는 아이를 볼 때면 마음이 불편하다 못해 아픕니다. 얇은 옷을 여러 겹 껴입거나 여벌의 양말을 가방이나 사물함에 넣어 두는 것도 대안이 될 수 있으니 참고하세요.

날씨에 맞는 옷을 골라 입어요

참 잘 했어요. 도장 꾹!

| 처음 해 봤어요. | 도움이 필요해요. | 더 연습해 볼래요. | 혼자서 해냈어요. | 자신 있어요! |

하유정 선생님의 한마디

감정 조절의 첫 단계는 나의 기분이나 감정을 들여다볼 줄 아는 것입니다. 얼마나 기쁜지, 얼마나 속상한지를 표현할 줄 알면 엉켜 버린 감정의 실타래를 풀 수 있습니다. 기분을 캐릭터, 동물, 음식, 색깔 등에 빗대어 건강하게 표현하는 방법을 다양하게 가르쳐 주세요.

기분을 말로 표현해요

참 잘했어요. 도장 꾹!

처음 해 봤어요. 도움이 필요해요. 더 연습해 볼래요. 혼자서 해냈어요. 자신 있어요!

가족이 돌아가며
한 문장씩 읽어요.

책 속 주인공을 나누어
맡아 읽어요.

가장 기억에 남는 장면이
무엇인지 이야기 나눠요.

책에 나온 내용으로
서로 퀴즈를 내고 맞혀 봐요.

하유정 선생님의 한마디

"책 읽어."라는 말보다 "책 읽자."라는 말이 더 큰 힘을 발휘해요. 무엇보다도 독서를 즐기는 부모님의 모습, 그 자체가 가장 좋은 독서 교육입니다. 아이에게 독서는 인생을 즐기는 또 하나의 방법이어야 합니다. 공부 너머에 있는 가치를 부모님이 직접 보여 주세요.

가족과 함께 책을 읽어요

처음 해 봤어요.　　도움이 필요해요.　　더 연습해 볼래요.　　혼자서 해냈어요.　　자신 있어요!

이불을 침대 모서리에 맞춰
평평하게 펴요.

베개를 제자리에 정리해요.

이불과 요를 개요.

이부자리(이불과 요)를
제자리에 정리해요.

하유정 선생님의 한마디

이불을 스스로 정리하는 것은 책임감을 기르는 좋은 방법이에요. 아침마다 자신의 이불을 정리하며 하루를 시작하는 습관을 길러 주세요. 자기 몸보다 더 큰 이불을 정리하는 게 만만치 않을 수 있어요. 처음에는 부모님이 정리하는 방법을 직접 보여 주면서 따라 하게 해 주세요.

이불을 정리해요

참 잘했어요. 도장 꾹!

| 처음 해 봤어요. | 도움이 필요해요. | 더 연습해 볼래요. | 혼자서 해냈어요. | 자신 있어요! |

반찬마다 색깔이 달라요.

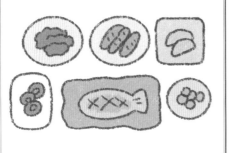

노란색, 빨간색, 초록색 반찬을 먹어 봐요.

아주 작은 한 입만 먹어 봐도 좋아요.

달콤, 짭짤, 고소, 새콤.
저마다 다른 맛에 대해 이야기 나눠요.

하유정 선생님의 한마디

　반찬은 한 번에 먹을 수 있는 양을 주고, 더 먹고 싶을 때 먹도록 해 주세요. "반찬마다 색깔이 다르듯이 영양소도 달라. 각기 다른 마법의 힘을 가지고 있는 거야." 친절하고 재미있게 새로운 음식을 소개해 주세요. 낯선 맛을 경험하는 것은 아이에게 큰 도전입니다. "새로운 맛에 도전하다니 정말 멋지다!" 아낌없이 격려해 주세요.

반찬을 한 번씩 모두 먹어 봐요

참 잘했어요. 도장 꾹!

| 처음 해 봤어요. | 도움이 필요해요. | 더 연습해 볼래요. | 혼자서 해냈어요. | 자신 있어요! |

젖은 손으로 콘센트를 만지지 않아요.

콘센트에 너무 많은 플러그를 꽂지 않아요.

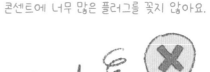

전기 제품을 물 가까이 두지 않아요.

선이 아닌 플러그를 잡고 뽑아요.

하유정 선생님의 한마디

일상용품 대부분은 전기를 사용합니다. 전기를 사용할 때 발생할 수 있는 위험한 상황을 알려 주세요. 잘못된 전기 사용이 얼마나 위험한지를 보여 주는 뉴스도 함께 시청해 보세요. 아이의 일상과 동떨어진 일이 아니라는 사실을 인지할 수 있도록요. 우리 집의 전기 제품을 안전하게 사용하고 있는지 함께 점검하는 시간도 가져 보세요.

전기를 안전하게 사용해요

참 잘했어요. 도장 꾹!

처음 해 봤어요.	도움이 필요해요.	더 연습해 볼래요.	혼자서 해냈어요.	자신 있어요!
○	○	○	○	○

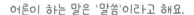

어른이 하는 말은 '말씀'이라고 해요.

아빠가 말했어요.(X)
말씀하셨어요.(O)

어른이 음식을 먹을 때는 '드시다'라고 해요.

할머니가 사과를 먹어요.(X)
드세요.(O)

어른의 집을 말할 때는 '댁'이라고 해요.

선생님 집(X)
댁(O)은 어디예요?

어른에게 무엇을 줄 때는 '드리다'라고 해요.

엄마, 이거 줄게요.(X)
드릴게요.(O)

하유정 선생님의 한마디

　　일상 대화에서 높임말이나 존칭어를 사용하는 모습을 자주 보여 주세요. 역할극을 통해 높임말을 익히는 것도 큰 도움이 됩니다. 예의범절을 지킨다는 의미도 크지만, 다양한 우리말 어휘를 익히는 학습 효과도 기대하면서요.

어른에게 존댓말을 써요

참 잘했어요. 도장 꼭!

처음 해 봤어요.   도움이 필요해요.   더 연습해 볼래요.   혼자서 해냈어요.   자신 있어요!

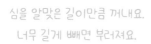

심을 알맞은 길이만큼 꺼내요.
너무 길게 빼면 부러져요.

먼저 그림의 테두리 선을 따라 그려요.

한 방향으로 색을 채워 넣으면
깔끔하게 칠해져요.

힘 조절을 하면서
진하거나 연하게 칠해 봐요.

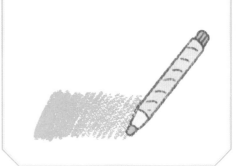

하유정 선생님의 한마디

학교 수업에서 많이 쓰이는 학용품 중 하나가 색연필이에요. 한참 동안 바르게 쥐고 쓰는 법을 익히지요. 아이가 학교에서 사용하기 편한 색연필을 준비해 주세요. 12색 이내의 색연필이 책상 크기를 벗어나지 않아 사용하기 좋아요. 깎아 쓰는 색연필보다 돌려 쓰는 색연필이 쉽게 망가지지 않고 관리하기도 쉽고요.

색연필 사용법을 익혀요

외출한 뒤에는 무조건 손을 씻어요.

겉옷부터 벗고,
안에 입은 옷을 차례로 벗어요.

더러운 옷은 세탁 바구니에 넣고,
깨끗한 옷은 옷걸이에 걸어요.

집에서 입는 옷으로 갈아입어요.

하유정 선생님의 한마디

외출 후에 옷을 갈아입는 것이 왜 중요한지를 알려 주세요. "밖에서 놀고 온 옷에는 먼지와 세균이 묻어 있을 수 있어. 그 옷을 그대로 입고 있으면 먼지나 세균이 내 몸은 물론이고, 우리 집에도 퍼질 수 있겠지?", "외출용 옷은 편하지 않을 수 있어. 집에서는 더 편한 옷으로 갈아입고 쉬자." 조금 더 청결하고 편안한 생활을 위해 들여야 할 습관이라고 설명해 주세요.

외출 뒤 옷을 갈아입어요

참 잘했어요. 도장 꾹!

| 처음 해 봤어요. | 도움이 필요해요. | 더 연습해 볼래요. | 혼자서 해냈어요. | 자신 있어요! |

변기 뚜껑을 열어요.

팬티를 무릎까지 내리고,
변기 시트 중앙에 편하게 앉아 볼일을 봐요.

화장지를 필요한 만큼 뜯어 뒤를 닦아요.

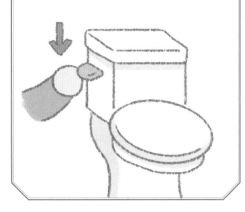

변기 뚜껑을 덮고 레버를 눌러 물을 내려요.

하유정 선생님의 한마디

처음부터 모든 것을 혼자 해내기는 어렵습니다. 단계별로 익숙해질 수 있도록 변기 사용 방법을
직접 보여 주고, 차차 혼자 하도록 도와주세요. 화장실을 편안하고 안전한 공간으로 느끼는 것이 중
요한 시기입니다. 혼자 화장실을 사용하는 동안 불안해할 수 있으니, 언제든지 도움을 요청해도 된
다고 안심시켜 주세요.

변기를 올바르게 사용해요

참 잘했어요. 도장 꾹!

| 처음 해 봤어요. | 도움이 필요해요. | 더 연습해 볼래요. | 혼자서 해냈어요. | 자신 있어요! |

"불이야!"라고 외쳐서
주변 사람들에게 알려요.

수건에 물을 적셔서 코와 입을 막아요.

엘리베이터는 사용하지 않고,
계단으로 내려가요.

비상구

아래층으로 대피할 수 없을 때는
옥상으로 대피해요.

도와주세요

하유정 선생님의 한마디

화재는 언제 어디서든 일어날 수 있습니다. 최대한 짧은 시간 안에 안전한 곳으로 대피하는 법을 알아 두는 것이 좋습니다. 손수건이나 옷으로 코와 입을 막아 연기를 피하는 것이 중요하다고도 강조해 주시고요. 119 신고도 자신이 먼저 안전한 곳에 대피한 뒤에 하라고 알려 주세요. 먼저 자세히 설명해 주고, 배운 대로 다시 설명하도록 해서 숙지시켜 주세요.

불이 났을 때는 이렇게 대피해요

비상구 >

배가 고프거나, 좋아하는 반찬이 나왔을 때는 씩씩하게 "더 많이 주세요."라고 말해요.

배가 덜 고프거나, 먹기 힘든 반찬이 나왔을 때는 용기 내어 "조금만 주세요."라고 말해요.

하유정 선생님의 한마디

역할 놀이는 최고의 말하기 학습법입니다. 아이는 밥을 퍼 주는 역할을, 다른 가족은 밥을 받는 역할을 맡아 시범을 보여 주세요. 수줍어서 자기 의사를 밝히지 못하는 아이들이 꽤 많습니다. 역할 놀이로 말하는 연습을 하고, 외식할 때는 직접 말해 볼 기회를 주세요. 의견을 표현하는 데 자신감을 가질 수 있도록요.

먹을 만큼 달라고 말해요

"어떡하지? 어려울 것 같아."

"이건 아끼는 장난감이라
빌려주기 어려워."

"아빠가 친구 사이에는
돈을 빌려주지 않는 거래."

"약속이 있어서 지금 당장은 못 놀아.
다음에 같이 놀자."

하유정 선생님의 한마디

'미안해', '싫어', '짜증 나', '속상해'라는 말도 상황에 따라 꼭 필요한 말이 될 수 있어요. 싫지만 억지로 하는 것보다 자신의 감정을 솔직하게 말하는 것이 더 낫거든요. 거절은 잘못이 아니에요. 대신 왜 거절하는지 자신의 생각이나 마음을 잘 표현하는 방법을 연습시켜 주세요.

거절할 때는 이렇게 말해요

참 잘했어요. 도장 꾹!

○	○	○	○	○
처음 해 봤어요.	도움이 필요해요.	더 연습해 볼래요.	혼자서 해냈어요.	자신 있어요!

동그라미, 세모, 네모 모양을
크고 작게 그려요.

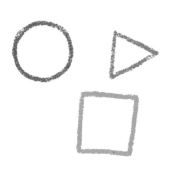

큰 네모 위에
세모를 얹어 집을 그려요.

동그라미 위에 눈, 코, 입을
그려 얼굴을 만들어요.

색칠을 하면 더 멋져져요.

하유정 선생님의 한마디

글씨를 쓰기 위한 준비로 여러 가지 모양을 따라 그리는 활동을 합니다. 문자의 생김새를 인식하는 준비 단계지요. 제시된 모양을 똑같이 그리려면 주의력이 필요합니다. 모양을 그린 뒤에 색연필로 색칠하는 활동과 연결해도 좋습니다.

여러 가지 모양을 그려요

더러워진 옷은 빨래통에 넣어요.

깨끗한 옷은 옷장에 정리해요.

양말은 양말 칸에,
속옷은 속옷 칸에 반듯이 개어 넣어요.

겉옷은 개어 넣거나,
옷걸이에 걸어 정리해요.

하유정 선생님의 한마디

옷 정리는 이 시기의 아이가 도전해야 하는 과업입니다. 어설프지만 고사리 같은 손으로 옷 정리하는 아이를 따뜻한 시선으로 바라봐 주세요. "이렇게 멋지게 자라서 옷 정리도 거뜬히 해내다니, 정말 대견해!" 작은 일이라도 스스로 해낸 경험은 스스로를 가치 있는 사람으로 여기게 합니다. 자기 효능감은 사소한 일상에서 길러진다는 사실을 잊지 마세요.

반듯반듯 옷 정리를 해요

참 잘했어요. 도장 꾹!

| 처음 해 봤어요. | 도움이 필요해요. | 더 연습해 볼래요. | 혼자서 해냈어요. | 자신 있어요! |

기침이 나올 때는
손수건으로 코와 입을 가려요.

옷소매로 가릴 수도 있어요.

기침을 손으로 가렸을 때는
비누로 손을 충분히 씻어요.

기침이 계속되면 마스크를 써요.

하유정 선생님의 한마디

감기나 수족구처럼 아이들에게 흔한 감염병 대부분은 기침 예절과 손 씻기로 예방할 수 있습니다. 병을 일으키는 세균, 바이러스 등은 눈에 보이지 않지만, 우리 주변에 존재한다는 사실을 알려 주세요. 재채기로 침이 어디까지 튈 수 있는지를 실험한 영상을 보여 주는 것도 도움이 되겠지요?

기침 예절을 지켜요

참 잘했어요. 도장 꾹!

| 처음 해 봤어요. | 도움이 필요해요. | 더 연습해 볼래요. | 혼자서 해냈어요. | 자신 있어요! |

식사를 하기 전에
"잘 먹겠습니다."라고 말해요.

물건을 빌려준 친구에게
"빌려줘서 고마워."라고 말해요.

간식을 나눠 준 친구에게
"고마워. 잘 먹을게."라고 말해요.

어려운 부분을 도와주신 선생님께
"선생님, 감사합니다."라고 말해요.

하유정 선생님의 한마디

감사하는 습관은 공감 능력을 키우는 데 중요한 역할을 합니다. 자기 삶에서 받은 도움과 사랑을 인식하는 순간, 아이는 자신의 가치를 긍정적으로 인식하게 되죠. 감사한 마음을 적극적으로 표현할 수 있도록 도와주세요. 가족처럼 가까운 사이에는 따스하게 안아 줄 수도 있다고 알려 주세요.

감사한 마음을 표현해요

참 잘했어요. 도장 꾁!

○	○	○	○	○
처음 해 봤어요.	도움이 필요해요.	더 연습해 볼래요.	혼자서 해냈어요.	자신 있어요!

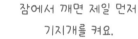

잠에서 깨면 제일 먼저
기지개를 켜요.

깨끗한 물로 얼굴을 상쾌하게 씻어요.

물을 한 모금 머금고 입을 헹궈요.

창문을 열어 신선한 공기를 깊게
들이마시고 내쉬어요.

하유정 선생님의 한마디

아침마다 일정하게 반복되는 행동 습관을 만들어 주세요. 같은 시간에 일어나서 같은 순서로 아침을 준비하는 습관을 들이면 일어나기가 더 수월하고, 안정감을 느낄 수 있어요. "우리 집 보물, 일어났구나! 기지개를 켜더니 키도 쭉쭉 자랐어."라며 밝은 목소리로 상쾌한 아침을 열어 주세요.

아침을 상쾌하게 시작해요

참 잘했어요. 도장 꾹!

| 처음 해 봤어요. | 도움이 필요해요. | 더 연습해 볼래요. | 혼자서 해냈어요. | 자신 있어요! |

음식을 남기지 않고 다 먹자고
스스로 약속해요.

먹을 수 있을 만큼 덜어 먹어요.

"조금만 주세요.", "더 주세요."라는 말로
먹을 양을 조절해요.

남기지 않고 다 먹었을 때는
스스로를 칭찬해요.

하유정 선생님의 한마디

음식을 남기지 않고 먹는 일에는 크게 세 가지 의미가 있어요. 첫째, 필요한 영양소를 골고루 섭취한다. 둘째, 쓰레기 배출을 줄여 지구를 살린다. 셋째, 음식을 준비해 준 사람에게 감사한 마음을 보여 주는 행동이다. 한 끼의 식사이지만 작은 행동에 담긴 위대한 의미를 알려 주세요.

정해진 양을 남기지 않고 먹어 봐요

참 잘했어요. 도장 꾹!

처음 해 봤어요.   도움이 필요해요.   더 연습해 볼래요.   혼자서 해냈어요.   자신 있어요!

정해진 약만 먹어요.

시간을 지켜서 먹어요.

밥 먹고 나서
한 봉지씩!

사용 기한을 확인해요.

5.12
까지

약 모양이 약통의 그림과
같은지 확인해요.

하유정 선생님의 한마디

아이들은 감기나 계절 질환에 걸릴 위험이 크다 보니 의약품을 사용할 일이 잦습니다. 그래서 어린이 약물 중독 사고의 위험성을 부모님부터 알고 계셔야 합니다. 절대 아이의 손에 닿는 곳에 약을 보관하지 마세요. 약을 사탕이라고 표현하는 것도 위험합니다. 특히 음식물과 함께 보관하거나 음료수병에 보관하는 것도 사고로 이어질 수 있으니 주의해야 합니다.

약을 바르게 먹어요

참 잘했어요. 도장 꾹!

처음 해 봤어요.　　도움이 필요해요.　　더 연습해 볼래요.　　혼자서 해냈어요.　　자신 있어요!

연필은 사용할 한쪽 끝만 깎아요.

사용하지 않는 연필은 연필 뚜껑을 씌워요.

틀린 글자는 한 손으로 공책을 고정한 뒤
지우개로 살살 문질러 지워요.

지우개 가루는 잘 모아서
쓰레기통에 버려요.

하유정 선생님의 한마디

필기구는 생각보다 중요합니다. 편하게 잘 써지는 필기구라야 더 쓰고 싶고, 계속 쓸 수 있거든요. 글씨 쓰기를 처음 시작하는 단계에는 4B 연필처럼 심이 진하고 무른 연필이 좋아요. 힘을 덜 들이고도 글씨를 진하게 쓸 수 있거든요. 글씨 쓰기에 어느 정도 익숙해지면 HB 연필처럼 심이 단단하고 잘 번지지 않는 연필로 바꿔 주세요.

연필과 지우개를 사용해요

이름을 물어봐요.

이름이 뭐야?

생일을 물어봐요.

생일이 언제야?

좋아하는 놀이나 취미가
무엇인지 물어봐요.

좋아하는 놀이가 뭐야?

같이 놀자고 먼저 말해요.

같이 놀래?

하유정 선생님의 한마디

옆자리 짝꿍은 학교에서 처음 만나는 친구 중 가장 먼저 친해질 수 있는 친구입니다. 좋아하는 음식, 운동, 색깔, 취미 등을 서로 묻고 답하면서 공통점을 찾고, 자연스럽게 더 친해질 수 있어요. 단, 나와 다른 답을 말한다고 해서 불편한 감정을 드러내서는 안 되겠죠? 부모님과 함께 친구 역할을 번갈아 하며 새로운 친구를 사귈 때 나눌 수 있는 자연스러운 대화를 연습해 보세요.

새 친구를 사귀어요

참 잘했어요. 도장 꾹!

처음 해 봤어요.   도움이 필요해요.   더 연습해 볼래요.   혼자서 해냈어요.   자신 있어요!

남은 음식을 한 그릇(국그릇)에 모아요.

수저를 한 손에 쥐고, 두 손으로 그릇
또는 식판을 단단히 잡아요.

남은 음식은 숟가락을 사용해서
음식물 쓰레기통에 버려요.

싱크대에 그릇과 수저를 넣어요.
물에 담그면 더 좋아요.

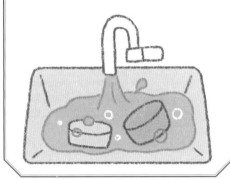

하유정 선생님의 한마디

학교에서는 남은 음식을 국그릇에 모아 잔반통에 버리게 합니다. 이 과정에서 옷에 흘리거나 식판을 떨어뜨리는 일이 적지 않습니다. 식사를 차리는 것부터 뒷정리까지 아이와 함께하세요. 어른의 몫이 아닌, 우리 모두의 몫이라는 인식은 가정에서부터 출발합니다. 부모님의 시범과 함께 꾸준한 연습을 한다면 학교 급식에도 빨리 적응할 수 있을 거예요.

다 먹은 그릇을 정리해요

참 잘했어요. 도장 꾹!

| 처음 해 봤어요. | 도움이 필요해요. | 더 연습해 볼래요. | 혼자서 해냈어요. | 자신 있어요! |

휴지를 적당한 길이(4~5칸)로 뜯어
손바닥 크기로 접어요.

소변은 앞으로, 대변은 뒤로 손을 넣어
앞에서 뒤로 깨끗이 닦아요.

변기 뚜껑을 닫고 물을 내려요.

옷을 입고 단추나 지퍼가
잘 잠겨 있는지 확인해요.

하유정 선생님의 한마디

휴지를 '적당히' 사용해야 한다고 가르쳐 주면 모호하게 느낄 수 있습니다. 소변은 3~4칸, 대변은 5~6칸 정도로 잘라 접어 쓰는 것을 직접 보여 주세요. 용변을 본 뒤 뒤처리는 부모가 아닌 타인이 도와주기 곤란한 점이 많습니다. 초등 입학 전에 꼭 익혀야 하는 생활 습관인 이유지요. 속옷부터 바지나 치마까지 야무지게 입고, 거울에 비친 모습을 점검하는 것까지 습관을 들이게 해 주세요.

볼일을 본 뒤 뒤처리를 깨끗이 해요

참 잘했어요. 도장 꾹!

처음 해 봤어요.   도움이 필요해요.   더 연습해 볼래요.   혼자서 해냈어요.   자신 있어요!

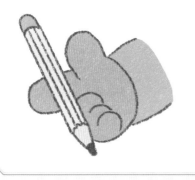

연필심에서 손가락 한 마디 위쪽을
엄지와 검지로 쥐어요.

연필의 아래쪽은 중지로 받쳐요.

손날을 바닥에 붙여요.

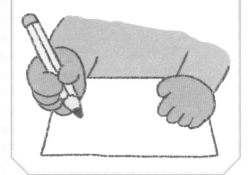

다른 손으로 종이가
움직이지 않게 살짝 눌러요.

하유정 선생님의 한마디

연필과 지면이 이루는 각은 54~60도 정도인데, 수치로 설명하기보다는 직접 보여 주는 것이
효과적이에요. 연필의 각도가 수직에 가까워질수록 연필을 움직일 수 있는 범위가 줄어들어 글씨가
작아지고 모양이 제대로 나오지 않아요. "연필을 공책에 최대한 가깝게 눕히려고 노력하자."라고
조언해 주세요.

연필을 바르게 잡아요

참 잘했어요. 도장 꾁!

먼저 손 내밀어요.

친구야, 같이 놀자!

장점을 찾아 칭찬해요.

와! 종이접기 잘하는구나!

고마운 마음을 표현해요.

우산 씌워 줘서 고마워!

환한 웃음은 필수예요.

내일 또 만나!

하유정 선생님의 한마디

지금 시기의 어린이는 발달 단계의 특성상 새로운 친구와 친하게 지내면서도 자기중심적인 사고와 행동으로 갈등을 빚기 쉽습니다. 친구의 처지에서 생각하여 상대방을 이해하고 상대방의 의견을 수용해야 사이좋게 지낼 수 있죠. 상냥하게 인사하는 것부터 먼저 다가가는 법, 먼저 다가온 친구에게 다정하게 대하는 법 등을 익히며 긍정적인 관계를 형성할 수 있도록 도와주세요.

좋은 친구가 되어요

안전선에서 한 걸음
물러서서 기다려요.

승강장에서 장난을 치거나
뛰어다니지 않아요.

사람들이 내린 다음에 천천히 타요.

○○역

문에 옷이나 물건이
끼이지 않도록 조심해요.

하유정 선생님의 한마디

위의 규칙 말고도 몇 가지 주의 사항을 더 안내해 주세요. 첫째, 선로에 내려가거나 물건을 떨어뜨리지 않도록 주의한다. 둘째, 인화 물질이나 알루미늄 풍선을 들고 타지 않는다. 셋째, 갑자기 많은 사람이 움직일 때는 넘어지지 않도록 조심하고, 앞사람을 힘으로 밀지 않는다. 의외로 대중교통을 이용해 보지 못했다는 어린이들이 꽤 많습니다. 가끔은 함께 버스나 지하철을 이용해 보세요.

대중교통을 안전하게 이용해요

참 잘했어요. 도장 꾹!

| 처음 해 봤어요. | 도움이 필요해요. | 더 연습해 볼래요. | 혼자서 해냈어요. | 자신 있어요! |

책, 공책, 수첩, 필기도구, 색종이 등 학용품을 종류별로 분류해요.

책과 공책은 크기별로 책장에 꽂아요.

수첩이나 작은 학용품은 책상 서랍에 정리해요.

자주 쓰는 필기도구를 연필꽂이나 필통에 정리해요.

하유정 선생님의 한마디

아이만의 책상이 준비되어 있나요? 아직 없다면 체형에 맞는 책상을 마련해 주세요. 비싸거나 근사하지 않아도 괜찮아요. 기능이 다양하지 않아도 되고요. 작은 서랍만 있어도 충분해요. 우리가 예상하는 것보다 공부 환경은 아주 중요해요. 갖춰진 환경이 공부 의욕을 자극하기도 하거든요. 자기만의 공부 공간을 정리하고 꾸며 보는 것도 공부에 대해 긍정적으로 생각하는 계기가 된답니다.

책상 정리를 해요

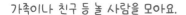

가족이나 친구 등 놀 사람을 모아요.

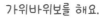

가위바위보를 해요.

가위
바위
보!!

잡는 역할과 도망가는 역할을 나눠요.

함께 여러 규칙을 만들며
재미있게 놀아요.

삑

하유정 선생님의 한마디

다양한 놀이를 하면서 규칙을 지키는 연습은 여러 사람과 어울려 살아가는 데 꼭 필요한 공부입니다. 이기기 위해 친구를 잡아당기거나 밀치는 등 경쟁적인 태도는 모두를 다치게 할 수 있으니 지속적으로 주의를 주고, 지도해 주세요.

잡기 놀이를 해요

참 잘했어요. 도장 꾹!

○	○	○	○	○
처음 해 봤어요.	도움이 필요해요.	더 연습해 볼래요.	혼자서 해냈어요.	자신 있어요!

차례를 지켜요.

이번에는 네 차례야.

모두의 의견을 존중해요.

그래, 술래가 둘이어도 재미있겠다.

반칙하지 않아요.

발을 걸어서 미안해.

결과를 인정해요.

졌지만 재미있었어!

다음에도 같이 놀자!

하유정 선생님의 한마디

경쟁의 요소가 많은 활동을 할 때마다 남다른 승부욕으로 다른 친구들의 재미마저 빼앗는 아이도 있죠. 비겁하게 이겼을 때보다 정정당당하게 놀이를 했을 때의 즐거움이 얼마나 큰지 일깨워 주세요. 또한 놀이의 목표는 나의 승리가 아니라, 모두의 즐거움이어야 한다는 사실도요.

공정하게 놀이해요

참 잘했어요. 도장 꾹!

처음 해 봤어요.　　　도움이 필요해요.　　　더 연습해 볼래요.　　　혼자서 해냈어요.　　　자신 있어요!

가위 손잡이의 작은 부분에는 엄지,
넓은 부분에는 검지와 중지를 넣어요.

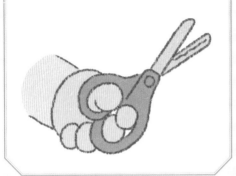

가위 입을 크게 벌리고
종이를 깊숙이 넣어 오려요.

자르는 방향을 바꿀 때는
손으로 종이를 돌려가며 오려요.

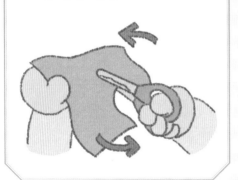

가위를 건넬 때는
손잡이 쪽을 상대에게 줘요.

하유정 선생님의 한마디

가윗날이 플라스틱으로 된 안전 가위는 안전성은 좋으나 절삭력이 좋지 않습니다. 가위를 안전하게 사용하는 법을 알려 준 뒤 쇠로 된 작은 크기의 가위를 사용하도록 해 주세요. 가위질할 때 자르는 방향에 따라 가위나 몸을 움직이는 아이들이 많습니다. 복잡한 모양이나 원을 오릴 때는 가위를 잡지 않은 손으로 종이를 돌려 가며 오리는 것이 편하다고 알려 주세요.

가위를 안전하게 사용해요

휴지를 미리 준비하고,
변기 양옆에 발을 딛고 서요.

속옷을 무릎까지 내리고,
손으로 옷을 잘 붙잡아요.

쪼그려 앉아 볼일을 봐요.

휴지로 뒤처리를 한 뒤,
손잡이를 밟아 물을 내리고 옷을 입어요.

하유정 선생님의 한마디

학교 화장실은 다양한 연령과 요구, 문화적 배경이 충족되어야 하는 공간입니다. 일반 변기 외에도 쪼그려 앉아 사용하는 변기, 장애인용 변기가 학교 화장실에 설치된 이유입니다. 요즘 같은 세상에 쪼그려 앉아 사용하는 변기가 있어야 하나 싶지만, 접촉을 최소화해 감염의 위험을 줄일 수 있다는 이점도 있습니다. 우리 집이 아닌 곳에서도 편안하게 볼일을 볼 수 있도록 가르쳐 주세요.

재래식 변기 사용법을 배워요

50일 중간 점검 체크리스트

1. 자기 전에 책을 읽나요? ☐

2. 약속한 시간에 잠들고, 일어날 수 있나요? ☐

3. 가족과 친구에게 다정하게 말할 수 있나요? ☐

4. 놀이 기구를 안전하게 이용할 수 있나요? ☐

5. 반찬을 골고루 먹을 수 있나요? ☐

입학까지 50일 남았어요!

여기까지 따라와 준 우리 친구

정말 대견하고, 대단해요!

지금까지 50가지를 배우고, 실천해 봤어요.

한 번만에 잘 되는 것도 있고,

한 번만으로는 잘 되지 않는 것도 있을 거예요.

잘 되지 않는 것은 1학년 동안

차근차근 연습하며 익숙해져 봐요.

우유갑을 평평한 곳에 올려놔요.

우유갑 여는 방향의 세모난
입구를 잡아 양쪽으로 벌려요.

한 손으로 우유갑을 단단히 잡아요.

엄지와 검지로 평평해진
윗부분을 잡아당기면서 입구를 열어요.

하유정 선생님의 한마디

　　스스로 우유갑을 여는 과정에서 아이들이 우유를 쏟는 일은 허다합니다. 소근육의 힘 조절을 잘 해야 우유를 쏟지 않고 무사히 열 수 있거든요. 도전하는 동안 격려해 주시고, 성공하면 기꺼이 축하 해 주세요. "우유갑 열기에 성공하다니, 대단하다! 축하해!" 용기 내어 도전하고, 실패해도 다시 해 보는 경험은 우유갑 열기와 같은 작은 활동에서부터 시작됩니다.

우유갑을 스스로 열어요

참 잘 했어요. 도장 꾹!

| 처음 해 봤어요. | 도움이 필요해요. | 더 연습해 볼래요. | 혼자서 해냈어요. | 자신 있어요! |

헬멧, 무릎 보호대,
팔꿈치 보호대를 해요.

차가 다니는 곳에서는 타지 않아요.

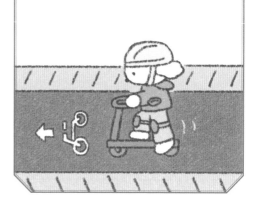

건널목에서는 반드시
내려서 걸어가요.

내 몸에 맞는 크기의
자전거나 킥보드를 타요.

하유정 선생님의 한마디

봄가을에 발생하는 어린이 안전사고 중 가장 높은 비율을 차지하는 것이 자전거나 킥보드와 같은 승용 놀이 기구에 의한 안전사고입니다. 슬리퍼나 발에 맞지 않는 신발을 신고 타면 벗겨지면서 크게 다칠 수도 있습니다. 안전 수칙을 지키지 않으면 탈 수 없다고 강하게 주지시켜 주세요.

자전거·킥보드를 안전하게 타요

참 잘했어요. 도장 꾹!

| 처음 해 봤어요. | 도움이 필요해요. | 더 연습해 볼래요. | 혼자서 해냈어요. | 자신 있어요! |

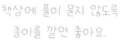

책상에 풀이 묻지 않도록
종이를 깔면 좋아요.

종이의 모서리에 풀칠해요.

종이의 넓은 면을 골고루 풀칠해요.

풀이 마르지 않도록 뚜껑을 꼭 닫아요.

하유정 선생님의 한마디

　　풀은 관리와 사용 면에서 물풀보다 딱풀이 편리해요. 물풀은 힘 조절을 잘못하면 잘 나오지 않거나 너무 많이 나와서 사용하기 어렵거든요. 가방 안에서 흐르기라도 하면 곤란하고요. 처음에는 풀을 바른 부분을 구분하기 어려워할 수 있으니 색이 있는 딱풀을 사용하는 것도 좋은 방법입니다. 어디에 붙일지 먼저 생각하고 나서 풀칠을 해야 실수하지 않는다는 것도 알려 주면 좋습니다.

풀로 종이를 붙여요

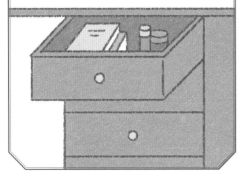

세워야 할 것과
눕혀야 할 것을 구분해요.

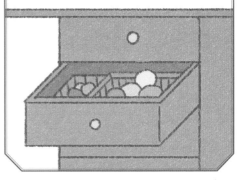

작아서 잃어버리기 쉬운 것은
바구니에 정리해요.

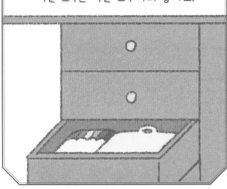

수첩은 수첩끼리,
색칠 도구는 색칠 도구끼리 놓아요.

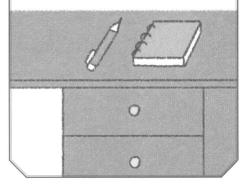

당장 필요한 것 빼고는
모두 서랍에 넣어요.

하유정 선생님의 한마디

　　자신의 물건을 알맞은 곳에, 알맞은 방법으로 정리하는 습관은 서랍과 사물함을 사용하는 학교 생활에도 중요해요. 공부하다가 필요한 물건을 찾느라 걸리는 시간을 줄여 주지요. 차례대로, 제대로 배워야 합니다. "첫째, 세워 정리할 물건! 둘째, 눕혀 정리할 물건! 셋째, 바구니에 넣을 물건!" 아이가 따라 말하며 행동하게 하는 것도 차례를 기억하기에 좋은 방법입니다.

서랍을 정리해요

참 잘했어요. 도장 꾹!

처음 해 봤어요.　　도움이 필요해요.　　더 연습해 볼래요.　　혼자서 해냈어요.　　자신 있어요!

친구의 생각을 잘 들어 줘요.

> 그렇게 생각하는구나.

내 생각을 말해요.

> 내 생각은 말이야.

사람마다 생각이 다를 수 있어요.

다른 생각을 가진 친구도 멋져요.

> 생각이 달라도 우린 친구야.

하유정 선생님의 한마디

자신과 생각이 다른 친구를 적으로 여기는 아이들이 있어요. 생각이 다른 친구와 대화를 하거나 함께 놀 때, 아이들은 생각의 폭이 한 뼘 더 넓어질 수 있어요. 아이가 다양한 의견을 존중할 수 있도록, 여러 생각이 모여서 더 좋은 생각이 생겨난다고 알려 주세요.

말 습관
55

친구와 생각이 다를 때는
이렇게 말해요

참 잘했어요. 도장 꾹!

| 처음 해 봤어요. | 도움이 필요해요. | 더 연습해 볼래요. | 혼자서 해냈어요. | 자신 있어요! |

출발하기 전에 안전띠를 꼭 매요.

창문으로 머리나 팔을 내밀면 위험해요.

차가 완전히 멈춘 것을
확인하고 내려요.

앞 좌석보다 뒷좌석이 더 안전해요.

하유정 선생님의 한마디

안전띠는 어깨와 허리를 감싸도록 조정해야 해요. 안전띠가 목에 걸리면 사고가 났을 때 더 크게 다칠 수 있어요. 안전띠가 꼬인 경우에도 충격이 한곳에 집중되어 더 크게 다칠 수 있어요. 갑갑해서 안전띠를 하지 않겠다는 투정은 결코 받아 줘서는 안 됩니다. 지켜도 되고, 안 지켜도 되는 규칙이 아니니까요.

자동차를 안전하게 이용해요

참 잘했어요. 도장 꾹!

 처음 해 봤어요. 도움이 필요해요. 더 연습해 볼래요. 혼자서 해냈어요. 자신 있어요!

스마트 기기 사용 시간을 정해요.

타이머를 설정하고 시간이 되면
멈추는 연습을 해요.

스마트 기기 사용 시간이 끝난 뒤
할 일을 준비해 둬요.

약속 시간을 잘 지킨
나를 스스로 칭찬해요.

하유정 선생님의 한마디

　디지털 시대라고는 하지만 어린이에게 스마트 기기는 백해무익합니다. 하지만 아예 사용하지 못하게 하는 것도 현실적이지는 않지요. 시간을 때우는 용도로 스마트 기기를 쓰도록 허용해서는 절대 안 됩니다. 이런 문제일수록 일관된 규칙이 중요합니다. 규칙을 지키지 않으면 예외를 두지 말고 정한 대로 행동하세요.

스마트 기기 사용 시간을 지켜요

참 잘했어요. 도장 꾝!

처음 해 봤어요.　　도움이 필요해요.　　더 연습해 볼래요.　　혼자서 해냈어요.　　자신 있어요!

오리고 싶은 모양을 그려요.
예쁜 그림을 준비해도 좋아요.

선을 따라 종이를 잘라요.

자른 조각을 종이 위에 올려서
붙일 위치를 잡아요.

마음에 드는 위치에 풀로 붙여요.

하유정 선생님의 한마디

가위질과 풀칠은 손힘을 기르는 기초 활동입니다. 일정한 방향으로 종이를 오리고, 자신의 의도대로 맞붙이는 과정에서 손힘은 물론이고 계획하고 표현하는 능력을 기를 수 있는 기회가 되기도 합니다. 오린 색종이를 붙일 때는 정형화된 방법보다 자유롭고 창의적인 방법으로 붙여 볼 수 있도록 격려해 주세요.

종이를 오리고 붙여요

내 키에 맞는 줄넘기를 준비해요.

줄의 가운데를 발로 밟고 당겼을 때,
손잡이가 어깨 가까이 오면 좋아요.

줄을 뒤에서 앞으로 넘긴 뒤
폴짝 뛰어넘어요.

천천히 여러 번 반복해요.

하유정 선생님의 한마디

줄넘기는 혼자서 할 수 있는 전신 운동입니다. 어렸을 때부터 줄넘기를 한 아이와 그렇지 않은 아이의 기량 차이가 큰 운동이지요. 줄을 한 번도 제대로 넘어 본 적이 없는 아이라도 요령만 익히면 곧잘 할 수 있는 운동이니 어렵다고 투덜대더라도 꾸준히 하게 하는 것만이 답입니다.

줄넘기를 연습해요

참 잘 했어요. 도장 꾹!

| 처음 해 봤어요. | 도움이 필요해요. | 더 연습해 볼래요. | 혼자서 해냈어요. | 자신 있어요! |

칫솔에 콩알 크기만큼 치약을 짜요.

치아의 위아래, 앞뒤,
안쪽까지 부드럽게 문질러요.

칫솔로 혀를 부드럽게 닦아요.

물을 한 모금씩 머금고,
입안을 여러 번 헹궈요.

하유정 선생님의 한마디

양치는 해도 되고 안 해도 되는 선택 가능한 일이 아닙니다. 귀찮으면 나중에 해도 되는 일도 아니죠. 식사와 양치는 한 세트로 묶어 주세요. 음식을 먹고 나면 양치를 해야 한다는 생각이 머릿속에 박힐 수 있도록요. 앞니만 대충 닦는 것은 정확한 양치 방법을 몰라서일 수 있습니다. 이 닦기 그림책이나 동영상을 함께 보며 올바른 방법을 가르쳐 주세요.

이를 깨끗이 닦아요

참 잘했어요. 도장 꾹!

| 처음 해 봤어요. | 도움이 필요해요. | 더 연습해 볼래요. | 혼자서 해냈어요. | 자신 있어요! |

어린이를 보호하는 곳이라는
표지판이에요.

건널목을 횡단보도로 건너라는
표지판이에요.

자전거만 다닐 수 있는 길이에요.

도로 공사 중이라는 뜻이에요.
조심히 지나가요.

하유정 선생님의 한마디

매일 오가는 길에 있는 신호등과 교통 표지판을 주의 깊게 살펴보는 경험을 하게 해 주세요. "교통 표지판이 왜 설치되어 있을까?", "저 표지판은 어떤 의미일까?", "초록 불이 깜박이면 어떻게 해야 할까?" 아이와 함께 교통 표지판과 신호등의 의미에 따라 행동하기로 약속해 보세요.

교통 표지판을 알아요

참 잘했어요. 도장 꾹!

| 처음 해 봤어요. | 도움이 필요해요. | 더 연습해 볼래요. | 혼자서 해냈어요. | 자신 있어요! |

종이접기 도안을 책이나
인터넷에서 찾아요.

모서리와 모서리가 딱 맞게 접어요.

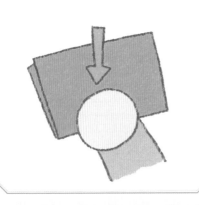

접은 부분은 손가락으로 강하게 눌러요.

잘 되지 않아도 즐거운 마음으로 해요.

하유정 선생님의 한마디

종이접기는 비교적 긴 시간의 집중력을 요구합니다. 종이를 접고 모양을 완성하는 과정에서 눈과 손의 협응력이 발달하고요. 결국 글씨 쓰기와 같은 정교한 작업을 할 때도 도움이 되지요. 종이접기는 실력의 편차가 커서 중간에 따라가지 못해 포기하는 아이들도 속출합니다. 종이접기가 서툴다면 기본적인 종이접기를 미리 익혀 보세요. 자신감이 붙을 거예요.

종이접기를 해요

참 잘했어요. 도장 꾹!

처음 해 봤어요.   도움이 필요해요.   더 연습해 볼래요.   혼자서 해냈어요.   자신 있어요!

먹을 만큼 적당한 양을 담아요.

딴짓하지 말고
꼭꼭 씹어서 꾸준히 먹어요.

식사 중간중간에 시간이
얼마나 지났는지 확인해요.

가족 모두가 함께 식사하면
시간을 더 잘 맞출 수 있어요.

하유정 선생님의 한마디

먹는 속도가 유독 느린 아이에게는 먼저 정해진 식사 시간이 있다는 것을 말로 알려 줘야 합니다. 규칙을 말과 글로 명시하는 것은 습관 들이기의 첫걸음입니다. 습관을 들일 때까지는 식사를 시작할 때마다 정해진 시간을 알려 주세요. 식사 시간에 다른 방해 요소를 없애는 것도 중요합니다. 텔레비전이나 스마트폰을 끄고 단란한 환경에서 식사할 수 있도록 해 주세요.

생활 습관
63

정해진 시간 안에
식사를 마쳐요

참 잘했어요. 도장 꾹!

처음 해 봤어요.	도움이 필요해요.	더 연습해 볼래요.	혼자서 해냈어요.	자신 있어요!

내 잘못을 인정해요.

"실수였지만 네 연필을 부러뜨린 건
내 잘못이야."

입장을 바꿔 생각해요.

"나라도
속상했을 것 같아."

진심 어린 사과를 해요.

"정말 미안해."

구체적으로 말해요.

"연필을
부러뜨려서 미안해."

하유정 선생님의 한마디

실수가 무조건 나쁜 것은 아니에요. 사람은 실수를 통해 성장할 수 있고, 사과를 통해 관계가 더 돈독해지기도 하거든요. 하지만 사과를 곧바로 받아 줘야 할 이유는 없어요. 용서에는 시간이 필요할 때가 많거든요. 잘못에 대한 사과는 진심으로 하되, 친구가 마음이 풀릴 때까지 기다릴 줄도 알아야 해요.

잘못한 일을 사과해요

참 잘했어요. 도장 꼭!

| 처음 해 봤어요. | 도움이 필요해요. | 더 연습해 볼래요. | 혼자서 해냈어요. | 자신 있어요! |

급한 일이 있거나
건너편에 반가운 사람이 보여도
뛰쳐나가지 않아요.

차가 다니는 길에 물건을 떨어뜨려도
절대 도로로 들어가지 않아요.

주차된 차는 갑자기 움직일 수 있으니
가까이 가지 않아요.

주차된 차 사이로 지나다니지 않아요.

하유정 선생님의 한마디

아이들은 멈춰 있는 자동차에 주의를 기울이지 않고, 위험성을 인지하지 못하기 때문에 주기적인 안전 교육이 필요합니다. 특히 주차된 차량 사이를 미로 같은 흥미로운 공간으로 느끼는 아이도 있습니다. 차가 있는 공간은 절대 놀이 공간이 될 수 없다는 점을 주지시켜 주세요. 길모퉁이에 있는 건널목에서 신호를 기다릴 때는 절대 도로 가까이에 서 있지 않도록 지도해 주시고요.

차가 다니는 길을 조심해요

참 잘했어요. 도장 꾹!

처음 해 봤어요.   도움이 필요해요.   더 연습해 볼래요.   혼자서 해냈어요.   자신 있어요!

컵을 한 손으로 단단히 잡아요.

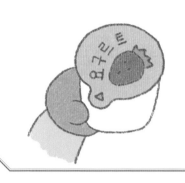

다른 한 손으로 뚜껑을 꼭 잡고
위로 천천히 당겨서 벗겨요.

팩에 든 주스는 뚜껑 바로 아래
단단한 부분을 손으로 잡아요.

다른 손으로 뚜껑을 아래 방향으로
살짝 누르며 시계 반대 방향(왼쪽)으로
돌려 열어요.

하유정 선생님의 한마디

학교 급식에는 요구르트나 주스가 디저트로 종종 나옵니다. 소근육이 충분히 발달하지 않은 아이들은 뚜껑을 열기가 어려워 담임 선생님의 도움을 받기도 합니다. 서툴고 어려워하더라도 연습의 기회를 빼앗지 마세요. 도움의 양과 수준을 조금씩 줄여 가며 아이에게 더 많은 기회를 주세요.

여러 가지 뚜껑을 열어 봐요

참 잘했어요. 도장 꼭!

처음 해 봤어요.	도움이 필요해요.	더 연습해 볼래요.	혼자서 해냈어요.	자신 있어요!
◯	◯	◯	◯	◯

달력에서 요일이 표시된 부분을 찾아요.

모두 7개의 요일이 있어요.

월, 화, 수, 목, 금, 토, 일 순서로 외워요.

요일에 별명을 붙이면
기억하기 쉬워요.

하유정 선생님의 한마디

요일을 익히기 어렵다면 요일 동요를 찾아서 부르거나 아이와 함께 요일마다 의미 있는 별명을
붙여 외워 보세요. 토실토실 토요일, 일어나자 일요일처럼요. 리듬감도 살리고, 의미도 넣어 보면서
재미있는 말놀이로 요일을 익혀요.

요일을 알아요

갖고 있는 인형 중에
걱정 인형을 하나 정해요.

자투리 천이나 솜으로
나만의 걱정 인형을 만들어도 좋아요.

오늘 걱정되는 일을
걱정 인형에게 말해요.

인형이 내 걱정을 가져가 줘요.

"걱정 인형아, 고마워."

하유정 선생님의 한마디

　어느 인디언 부족은 아이가 걱정이나 두려움으로 잠들지 못할 때 조그만 인형을 선물해 줬다고 해요. 아이는 인형에게 자신의 걱정을 말하고 베개 밑에 넣어 두죠. 부모는 베개 속 걱정 인형을 치우고 "네 걱정은 인형이 가져갔단다."라고 말해 줘요. 걱정 인형이 내 걱정을 대신 해 줄 기리는 믿음은 의학적으로도 유용한 처방이에요. 걱정과 불안이 많은 아이에게 걱정 인형을 선물해 주세요.

걱정되는 마음을 다독여요

참 잘했어요. 도장 꼭!

처음 해 봤어요.　　도움이 필요해요.　　더 연습해 볼래요.　　혼자서 해냈어요.　　자신 있어요!

흩어진 물건을 제자리에 정리해요.

청소기나 미니 빗자루로
먼지나 쓰레기를 치워요.

물걸레로 방바닥과 가구,
창틀을 닦아요.

쓰레기가 모인 쓰레기통을 비워요.

하유정 선생님의 한마디

방 청소는 적어도 한 주에 한 번, 정해진 시간에 하는 것이 좋습니다. 먼지가 쌓이고 어질러진 방을 스스로 청소하다 보면 "아이, 더러워. 내가 이런 방에서 지냈다니!"라는 생각을 하게 됩니다. 청소 도구 사용에도 능숙해지면 좋습니다. 꼼꼼하게 먼지를 쓸어 내고, 닦아 내는 동안 고사리 같은 손이 더 야무져질 거예요.

내 방을 청소해요

처음 해 봤어요.　　도움이 필요해요.　　더 연습해 볼래요.　　혼자서 해냈어요.　　자신 있어요!

주변에 사람이 없는 것을
확인하고 우산을 펼쳐요

우산으로 눈앞을 가리지 않도록 주의해요.

우산을 펴고 접을 때 다른 사람에게
물이 튀지 않도록 조심해요.

사용한 다음에는
펼쳐서 말린 뒤에 보관해요.

하유정 선생님의 한마디

우산은 장난이나 놀이의 용도로 사용하지 않도록 꼭 지도해야 합니다. 어른용 우산은 어린이가 사용하기에 적당치 않습니다. 펴고 접기 쉽고, 가벼우며, 끝이 뾰족하지 않고, 눈에 띄는 밝은색에, 투명한 부분이 있는 우산이 좋습니다. 보호자가 지켜보는 곳에서 우산을 펴고, 쓰고, 접는 연습을 시켜 보세요.

우산을 바르게 사용해요

처음 해 봤어요.   도움이 필요해요.   더 연습해 볼래요.   혼자서 해냈어요.   자신 있어요!

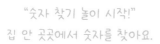

"숫자 찾기 놀이 시작!"
집 안 곳곳에서 숫자를 찾아요.

시계, 리모컨, 달력,
책에 숫자가 있어요.

숫자 카드를 읽는
놀이를 해 봐도 좋아요.

집 안에 있는 물건을 세어 보는
놀이도 해 보세요.

하유정 선생님의 한마디

1학년에게 숫자는 추상적 기호입니다. 구체적인 사물로 수 개념을 익혀야 하는 시기이지요. 주변의 사물을 손가락으로 하나씩 세는 방법부터 시작해야 합니다. 우선은 양에 대한 감각을 익히는 데 초점을 맞추는 거예요. 그런 다음 개수를 세는 수와 순서를 나타내는 수의 의미도 함께 지도해 주세요.

집에 있는 숫자를 찾아요

식사 전에 손을 깨끗이 씻어요.

입을 다물고 음식을 꼭꼭 씹어 먹어요.

입안에 있는 음식을 꿀꺽 삼키고 말해요.

식사가 끝나면 "잘 먹었습니다."
감사 인사를 해요.

하유정 선생님의 한마디

식사 예절은 사회에서 다른 사람들과 잘 지내는 데 꼭 필요한 예절입니다. 식사 예절을 통해서도 다른 사람을 존중하는 방법을 배울 수 있죠. 다른 사람들이 불편하지 않게 행동하는 것이 예의라고 알려 주세요. 식사 시간에는 부모님이 먼저 스마트 기기를 멀리하는 모습을 보여 주세요. 그러면 아이도 자연스럽게 따라 하는 것은 물론이고, 부모님의 지시에도 권위가 실릴 거예요.

식사 예절을 지켜요

참 잘했어요. 도장 꾹!

| 처음 해 봤어요. | 도움이 필요해요. | 더 연습해 볼래요. | 혼자서 해냈어요. | 자신 있어요! |

고민을 떠올려요.

해결할 수 있는 고민과 해결할 수 없는
고민으로 나눠요.

고민해서 좋은 점을 생각해요.

어떻게 해결하면 좋을지 떠올려 보고,
가족과 이야기를 나눠 봐요.

하유정 선생님의 한마디

사람이라면 누구나 크고 작은 고민이 있다는 사실을 알려 주세요. 끊임없이 고민하며 살아가는 존재가 바로 사람이라는 점을 이해할 수 있도록요. 아이가 토로하는 고민이 부모에게는 대수롭지 않게 느껴지더라도 아이에게는 매우 중요할 수 있다는 점을 기억해 주세요. 아이의 고민을 귀 기울여 들어 주시고, 고민하기 때문에 더 나은 생각과 선택을 할 수 있다는 점을 이해시켜 주세요.

고민을 말해 봐요

참 잘했어요. 도장 꾹!

| 처음 해 봤어요. | 도움이 필요해요. | 더 연습해 볼래요. | 혼자서 해냈어요. | 자신 있어요! |

건널목 앞에서는 우선 멈춰요.

차가 멈춘 것을 꼭 확인해요.

손을 들어 건널 거라고 알려요.

오른쪽, 왼쪽을 살피며 건너요.

하유정 선생님의 한마디

  찻길을 건널 때는 안전사고의 위험이 더 커집니다. 차는 보행자의 왼쪽에서 접근하므로 길을 건널 때는 건널목의 오른쪽에 서서 기다리도록 하세요. 아이들은 쓰고 있던 모자가 바람에 날아가거나, 가지고 있던 공이 굴러가면 잡아야 한다는 생각에 앞뒤 가리지 않고 찻길로 뛰어들곤 합니다. 어떤 상황에서도 침착하게 주변을 먼저 살피도록 지도해 주세요.

안전하게 길을 건너요

참 잘했어요. 도장 꼭!

| 처음 해 봤어요. | 도움이 필요해요. | 더 연습해 볼래요. | 혼자서 해냈어요. | 자신 있어요! |

물을 튼 뒤, 손으로 물의 온도를 확인해요.

손이나 얼굴을 깨끗이 씻어요.

손을 다 씻은 뒤에는 꼭 물을 잠가요.

물이 튀었으면 수건이나 휴지로 닦고,
비누는 제자리에 놓아요

하유정 선생님의 한마디

　　화장실과 마찬가지로 세면대 또한 가족이나 학교 구성원이 함께 사용해야 합니다. 혼자서 오랫동안 세면대를 독차지하지 않도록 기다리는 사람이 없는지 주변을 살피는 배려도 가르쳐 주세요. 비누칠하거나 양치질하는 동안에는 잠시 물을 잠그도록 지도하는 것도 잊지 말아 주세요. 짧은 시간 동안 물이 얼마나 낭비되는지를 눈으로 볼 수 있게 통에 받아서 보여 주는 것도 좋아요.

세면대를 깨끗이 사용해요

참 잘했어요. 도장 꾹!

| 처음 해 봤어요. | 도움이 필요해요. | 더 연습해 볼래요. | 혼자서 해냈어요. | 자신 있어요! |

표지를 보고 내용을 상상해요.

목소리를 내어 실감 나게 읽어 봐요.

글에는 없지만 그림 속에 숨겨진
재미를 발견하며 읽어요.

책 내용을 가족들에게 소개해 보세요.

하유정 선생님의 한마디

독서는 무조건 즐거워야 합니다. 아이가 책 읽는 시간을 즐길 수 있도록 도와주세요. 독서 그 자체가 생활이 되려면 아이가 좋아하는 책이 곁에 있어야 합니다. 아이의 취향을 존중한 독서야말로 책 좋아하는 아이로 만드는 가장 빠르고 바른 방법입니다. "엄마, 나 쉴게."라는 말과 함께 책을 집어 드는 아이로 자랄 수 있도록 취향을 존중해 주세요.

그림책 한 권을 스스로 읽어요

감동했어요.

짜릿해요.

뿌듯해요.

마음이 든든해요.

하유정 선생님의 한마디

자신의 감정을 단순히 '좋아요', '싫어요'만으로 표현하는 아이들이 많습니다. 다양한 감정 단어를 알지 못하기 때문이지요. 감정을 나타내는 단어는 자그마치 400여 개에 이르는데, 우리가 일상적으로 쓰는 단어는 고작 30개 남짓이라고 합니다. 그리워, 뿌듯해, 설레, 안타까워, 후련해, 쑥스러워 등 가정에서부터 여러 감정 단어를 자주 사용하면 아이의 감정 표현도 한결 풍성해질 거예요.

감정을 다양하게 표현해요

참 잘했어요. 도장 꾹!

| 처음 해 봤어요. | 도움이 필요해요. | 더 연습해 볼래요. | 혼자서 해냈어요. | 자신 있어요! |

동화책은 동화책끼리,
문제집은 문제집끼리 분류해요.

큰 책부터 작은 책 순서로 정리해요.

책 제목이 잘 보이도록 정리해요.

책을 가지런히 세우면 더 깔끔해요.

하유정 선생님의 한마디

"책을 가지런히 정리하면 읽고 싶은 책을 쉽게 찾을 수 있어.", "책을 넘어지지 않게 세우면 책이 구겨지거나 찢어지지 않아.", "어때? 책을 크기별로 정리했더니 더 깔끔해 보이지?" 책을 정리했을 때 좋은 점을 함께 찾아보며 책 정리의 필요성을 스스로 느낄 수 있도록 대화를 나눠 보세요.

책을 가지런히 정리해요

리듬이나 노래로 만들어 외워요.

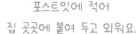

포스트잇에 적어
집 곳곳에 붙여 두고 외워요.

앞면에는 힌트를, 뒷면에는
전화번호를 적은 카드로 외워요.

전화하는 역할 놀이로 외워요.

하유정 선생님의 한마디

　　가족의 전화번호를 외우는 것은 좁은 의미에서 신변 보호와 안전의 영역으로 볼 수 있습니다. 넓게는 스스로 중요한 정보를 기억하고 관리한다는 의미에서 교육적 효과도 기대할 수 있죠. 자신의 위치를 가족에게 알려 주는 것은 물론이고, 응급 상황에서 스스로 대처할 수 있다는 믿음도 생깁니다. 가족의 전화번호 속에 숨은 규칙도 발견해 보며 재미있게 외울 수 있도록 해 주세요.

가족의 전화번호를 외워요

참 잘했어요. 도장 꾹!

| 처음 해 봤어요. | 도움이 필요해요. | 더 연습해 볼래요. | 혼자서 해냈어요. | 자신 있어요! |

시계 속 바늘은 두 개예요.

길이가 짧은 것은 '짧은바늘'
또는 '시침'이라고 해요.

길이가 긴 것은 '긴바늘' 또는
'분침'이라고 해요.

긴바늘이 12를, 짧은바늘이 7을
가리키면 일곱 시 정각이에요.

하유정 선생님의 한마디

시계 보기는 기존의 수 세기와는 다릅니다. 시계의 '분 읽기'는 60진법에 기초하거든요. 따라서 정각의 개념부터 학습하는 것이 좋습니다. 그 뒤 30분 단위의 시계 보기로 넘어가고요. 처음에는 편리한 디지털시계 대신 다양한 형태의 아날로그시계를 접하게 해 주세요. 각 시곗바늘의 움직임이 어떻게 다른지 느낄 수 있도록요.

시계 보는 법을 익혀요

스마트 기기 사용 시간을 기록해 봐요.

2/10 20분
2/11 15분

평소 사용한 것보다 더 적게
사용하기로 약속해요.

오늘은
10분만!

스마트 기기를
사용하지 않는 날을 정해 봐요.

2

스마트 기기 외에 즐거운 활동을
5개 이상 떠올려 봐요.

하유정 선생님의 한마디

　스마트 기기 때문에 다른 중요한 경험과 학습의 기회를 놓치지 않도록 유의해야 해요. 책을 읽거나 밖에서 뛰어노는 것은 스마트 기기로는 얻을 수 없는 중요한 경험이에요. 특히 친구들과 함께 놀고 대화하는 것은 이 시기에 길러야 하는 사회적 기술을 익히는 데 더없이 중요하지요. 어린이가 더 다양한 즐거움을 경험할 수 있도록 도와주세요.

생활 습관

스마트 기기에 중독되면 안 돼요

참 잘했어요. 도장 꾹!

처음 해 봤어요.　　도움이 필요해요.　　더 연습해 볼래요.　　혼자서 해냈어요.　　자신 있어요!

0의 소리. 쉿! 아무 소리도 내지 않아요.

1의 소리. 소곤소곤 옆자리 친구에게만 들리는 소리예요.

2의 소리. 도란도란 모둠 친구들에게만 들리는 소리예요.

3의 소리. 반 전체가 들을 수 있는 발표 소리예요.

하유정 선생님의 한마디

기본적으로 실내에서는 다른 사람에게 방해가 되지 않을 정도의 목소리로 대화를 나눠야 해요. 학교에서는 수업 상황에 따라 큰 목소리가 필요하기도 하고, 소곤소곤 말해야 하기도 하지요. "텔레비전 소리를 키우거나 줄이듯이 네 목소리도 키웠다 줄였다 해 보자." 하고 상황에 따라 목소리의 크기가 달라져야 한다는 사실을 충분히 인식시키고 연습시켜 주세요.

알맞은 크기의 목소리로 말해요

참 잘했어요. 도장 꾹!

처음 해 봤어요. 도움이 필요해요. 더 연습해 볼래요. 혼자서 해냈어요. 자신 있어요!

모르는 사람이 주는 돈, 장난감,
과자, 음료수 등을 받지 않아요.

저녁 식사 전에는 집에 돌아가요.

친구들과 여럿이 안전한 큰길로 다녀요.

누구와 어디에 있는지를
부모님께 꼭 알려요.

하유정 선생님의 한마디

아이에게 익숙하거나 친절한 사람도 조심해야 한다고 알려 주세요. 어린이들은 어른
의 부탁을 잘 거절하지 못하는 특성이 있습니다. 어른이 한 부탁도 거절할 수 있다고 알
려 주세요. 주세요. 아동·여성·장애인 경찰 지원 센터에서 운영하는 안전Dream 누리집
(https://www.safe182.go.kr)에서 주변의 '아동안전지킴이집' 위치도 미리 파악해 두세요.

스스로를 지켜요

이름을 말해요.

제 이름은 _____ 입니다.

사는 곳을 말해요.

저는 _____ 에 삽니다.

좋아하는 것을 말해요.

저는 _____ 을/를 좋아합니다.

가족을 소개해요.

우리 가족은 모두 _____ 명입니다.

하유정 선생님의 한마디

친구와 관계를 형성하고 유지하는 의사소통의 기본이 바로 소개하는 말하기입니다. 학교에서는 학기 초마다 자신이나 가족을 소개하는 시간을 종종 가집니다. 사는 곳, 가족의 이름, 좋아하는 물건이나 음식 등 주제를 정해 가족끼리 돌아가며 발표 연습을 해 보세요. 하면 할수록 실력이 느는 게 말하기니까요.

나와 가족을 소개해요

참 잘했어요. 도장 꾹!

처음 해 봤어요.　　도움이 필요해요.　　더 연습해 볼래요.　　혼자서 해냈어요.　　자신 있어요!

"잘 모르겠어요.
다시 설명해 주세요."

"배가 아파요.
보건실 다녀와도 돼요?"

"화장실 가고 싶어요."

"혼자 하기 힘들어요.
도와주세요."

하유정 선생님의 한마디

주변에 도움을 요청해야 할 때, 도와달라는 말을 하기란 생각보다 어렵습니다. 이제는 언니 또는 형이 되었으니 스스로 하라는 말을 자주 들은 아이일수록 도움을 요청해야 할 때 수치심을 느낄 수 있습니다. '모르겠어요', '다시 말해 주세요', '혼자 가기 무서워요' 같은 말을 하는 것은 부끄러운 일이 아니라는 사실을 알려 주세요. 필요할 때는 언제든 도와달라 요청해도 된다고요.

도움이 필요할 때
이렇게 말해요

참 잘했어요. 도장 꼭!

○	○	○	○	○
처음 해 봤어요.	도움이 필요해요.	더 연습해 볼래요.	혼자서 해냈어요.	자신 있어요!

학교 가는 날까지 2주 남았어요!

열다섯 밤만 자면 학교에 가는 날이에요.
지금부터는 학교가 어떤 곳인지 살펴보고,
학교에 가기 전에 미리 알아 두거나
연습해 두면 좋은 것들을 알아볼 거예요.
학교 갈 준비됐나요?

찻길에서 떨어진 인도 안쪽으로 다녀요.

신호등이 없는 건널목을
안전하게 건너 봐요.

아동안전지킴이집이
어디에 있는지 살펴요.

가족이 보는 앞에서
혼자 건널목을 건너 봐요.

하유정 선생님의 한마디

아이들은 종종 인도 가장자리로 아슬아슬하게 지나다니는 장난을 치곤 합니다. 반드시 차도에서 멀찍이 떨어져 걷도록 반복해서 알려 주세요. 학교 주변에는 위험에 처한 아이를 임시 보호하는 아동안전지킴이집이 있습니다. 주로 문구점이나 편의점이 지정된 곳이죠. 안전Dream 누리집에서 위치를 살펴보고, 어른의 도움이 필요할 때 도움을 요청할 수 있는 곳이라고 알려 주세요.

등하굣길을 가족과 다녀와요

준비됐나요?

도장 꾹!

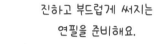
진하고 부드럽게 써지는
연필을 준비해요.

부드럽고 말랑하며
잡기 좋은 지우개를 준비해요.

가볍고 숫자가 크게 표시된
자를 준비해요.

천으로 된
말랑말랑한 필통을 준비해요.

하유정 선생님의 한마디

입학을 하면 담임 선생님께서 학용품 목록을 나눠 주십니다. 목록을 보고 하나하나 준비를 해도 늦지 않지만, 기본적인 학용품은 미리 준비해서 사용법을 익혀 두는 것도 좋습니다. 연필은 삼각형 이나 육각형 모양이 잡기 편하고 잘 구르지 않아 좋습니다. 지우개는 모양이 단순하고 잘 지워지는 것이 최고입니다. 금방 닳고 잃어버리기 쉬운 학용품이 지우개니까요.

학교에서 쓸 학용품을 준비해요

다른 친구의 학용품과
섞이면 찾기 힘든 물건들을 준비해요.

이름 스티커에 내 이름을 적고
학용품에 붙여요.

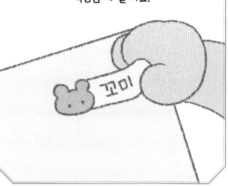

스티커를 붙이기 어려운 물건에는
네임펜으로 써요.

이름 도장을 사용해서 공책이나
교과서에 이름을 찍어요.

하유정 선생님의 한마디

학교에는 분실물이 많아요. 바닥에 굴러다니는 연필을 주워 애타게 주인을 찾아도 많은 아이들
이 외면하지요. 작은 물건도 소중히 여기게 하려면 물건에 이름을 적어 두는 것이 가장 좋은 방법이
에요. 지나친 풍요보다 적절한 결핍이 교육적으로 더 유용할 때가 많다는 것을 기억해 주세요.

내 물건에 이름을 써요

쓰레기나 필요 없는 것은 꺼내서 버려요.

연필은 서너 자루를 매일 깎아서
연필 뚜껑을 씌워 필통에 넣어요.

연필, 지우개, 자, 빨간색 색연필 등을
필통에 넣어요.

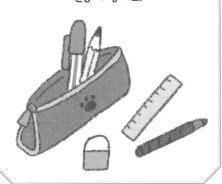

가위, 풀, 이름 스티커를
넣어 다녀도 좋아요.

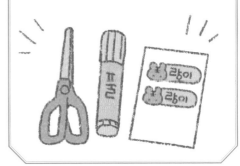

하유정 선생님의 한마디

작은 학용품을 정리하고 보관하는 습관은 필통 정리에서 시작됩니다. 필통 속에는 잃어버리기 쉬운 물건들이 가득하지요. 필통 속에 연필이 몇 자루나 있는지, 잃어버린 물건은 없는지 점검하는 습관을 들여 보세요. 매일 저녁 필통 정리하는 시간을 정해 놓고 규칙적으로 하는 것이 좋겠지요.

필통 정리를 해요

책가방에 꼭 넣고 다닐
학용품을 준비해요.

학용품을 크기별로 분류해요.

가방 멨을 때 등에 닿는 쪽에는
크고 넓적한 학용품을 넣어요.

필통과 물통은 마지막에 넣어 정리해요.

하유정 선생님의 한마디

책가방에 직접 물건을 넣고 빼는 연습을 하면서 자기 물건에 이름이 모두 적혀 있는지도 확인해 보세요. 학용품을 소중히 다루는 태도를 기르는 데 도움이 될 거예요. 간혹 책가방에 쓰레기를 잔뜩 넣어 다니는 아이들이 있어요. 책가방 속에 불필요한 물건은 없는지도 매일 살펴보며 책가방을 깨 끗하게 사용할 수 있도록 지도해 주세요.

책가방 정리를 해요

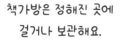

책가방은 정해진 곳에
걸거나 보관해요.

책상 옆 고리에 걸 때는
지퍼를 꼭 잠가요.

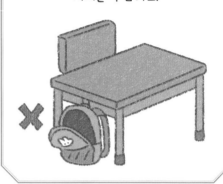

필요한 물건을 꺼낸 뒤에는
반드시 지퍼를 닫아요.

연필, 지우개, 가위 등은 필통에
넣은 뒤 가방에 넣어요.

하유정 선생님의 한마디

책가방을 바르게 걸거나 관리하지 못하면 자칫 위험할 수도 있습니다. 가방 지퍼가 벌어진 틈에 아이의 발이 걸려 넘어지는 안전사고가 자주 발생하거든요. 가방 관리를 잘못했다가 의도치 않게 친구를 다치게 할 수도 있는 거죠. 가방을 잘 닫아서 제자리에 두는 것이 습관이 되도록 지금부터 실천해 봐요.

책가방을 안전하게 사용해요

물건을 잃어버린 친구에게
"같이 찾아 줄까?"라고 말해요.

무거운 짐을 들고 있는 친구에게
"같이 들까?"라고 말해요.

넘어진 친구에게 "괜찮아?" 하고
손을 내밀어요.

지우개가 없는 친구에게
"빌려줄까?"라고 말해요.

하유정 선생님의 한마디

친구는 자신의 요구와 바람을 일방적으로 수용해 주는 사람이 아니라, 서로 도움을 주고받아야 하는 관계입니다. 아이가 친구에게 도움을 받았던 경험을 떠올려 보고, 자신이 도움을 줄 수 있는 상황을 찾아보게 해 주세요. 서로가 도움을 주고받으며 살아간다는 것을 느낄 수 있을 거예요.

친구를 도와요

준비됐나요?

도장 꾹!

휴지를 필요한 만큼 미리 준비해요.

문을 똑똑 두드려서 빈칸인지 확인해요.

변기 시트가 더럽다면
휴지로 닦은 뒤 사용해요.

화장실을 사용한 뒤에는 꼭 손을 씻어요.

하유정 선생님의 한마디

화장실은 모두가 함께 사용하는 공간입니다. 다른 사람도 불편함 없이 사용할 수 있도록 나부터 노력하는 것이 '배려'입니다. 아이가 화장실을 바르게 사용하는지를 관찰하며 도움이 필요한 부분을 찾아보세요. 혼자서 공중화장실을 잘 사용했을 때는 칭찬을 해 주시고요.

공중화장실을 이용해 봐요

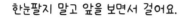

한눈팔지 말고 앞을 보면서 걸어요.

오른쪽으로 걸어요.

한 줄로 걸어요.

조용히 걸어요.

하유정 선생님의 한마디

  즐거운 비명이 종종 울음소리로 변하는 곳, 바로 복도와 계단입니다. 질주 본능이 있는 아이들은 아무리 뛰지 말라 가르쳐도 본능을 거스를 수가 없나 봅니다. '오른쪽으로, 소곤소곤, 한 줄로'는 아이들이 쉽게 기억할 수 있는 실내 통행 구호입니다. '오·소·한'을 기억하며 실내 통행의 올바른 방법을 수시로 알려 주세요.

실내 규칙을 지켜요

준비됐나요?

도장 꾹!

교무실은 선생님들이 일하는 곳이에요.

급식실은 밥을 먹는 곳이에요.

보건실은 학생들의 건강을
돌보는 곳이에요.

도서관은 책을 빌리거나
독서를 하는 곳이에요.

하유정 선생님의 한마디

초등학교 안에는 여러 교실이 있어요. 그것도 여러 층에 흩어져 있어서, 학교에 적응할 때까지는 특별 교실을 찾다가 종종 길을 잃고 헤매기도 해요. 1학년에게는 보건실이나 교무실을 방문하는 것 자체가 흥미롭고 특별한 경험이기도 하죠. 유치원과 다른 환경이 낯설게 느껴지지 않도록 지금부터 명칭을 익혀 두세요.

학교에는 특별한 교실이 있어요

보건 선생님은
아픈 학생들을 치료해 주세요.

영양 선생님은
건강한 점심을 준비해 주세요.

교장, 교감 선생님은
우리 학교 선생님을 대표해요.

사서 선생님은
책을 보여 주거나 빌려주세요.

하유정 선생님의 한마디

학교에는 소개한 분들 외에도 다양한 역할을 하는 어른들이 있습니다. 학교에서 일하는 모든 사람을 존중하고, 예의를 갖출 수 있도록 꼭 알려 주세요. 학교의 모든 구성원이 각자의 역할을 다하기에 어린이들이 학교에서 건강하고 즐겁게 지낼 수 있다는 사실을요.

학교에는
여러 선생님이 있어요

사서 선생님

보건 선생님

교장 선생님

영양 선생님

책을 대출할 때는
대출증을 미리 준비해요.

책은 소리 내지 않고 눈으로 읽어요.

한 줄로 서서 책을 빌려요.

다 읽은 책은 반납대에 둬요.

하유정 선생님의 한마디

　　어려서부터 도서관을 자주 방문하고, 책에 좋은 감정을 갖는 경험이 중요해요. 책과 친숙한 어린이는 스스로 자신에게 맞는 책을 선택하고, 책을 통해 자신의 흥미와 의문에 답을 얻을 수도 있죠. 부모님과 함께 도서관에 다녀온 경험이 전부인 아이들에게 학교 도서관에서 스스로 책을 빌리고 반납하는 일은 새로운 도전이에요. 도서관과 친해질 수 있도록 '책 빌려오기' 미션을 종종 주세요.

도서관 이용 규칙을 알아요

준비됐나요?

도장 꾹!

학교에 가는 등교 시간과
집에 가는 하교 시간이 있어요.

8:30   1:30

한 교시에 40분 동안 공부를 해요.
자리에 앉아서 선생님 말씀에 집중해요.

ㄱㄴ

수업이 끝날 때마다 쉬는 시간이 있어요.
이때 화장실에 다녀오고,
친구들과 이야기해요.

점심시간에 급식을 먹어요.
시간이 남으면 놀아요.

하유정 선생님의 한마디

    초등 입학 후 아이들이 가장 힘들어하는 것이 일과에 따라 생활하는 것입니다. 유치원과 달리 시종 소리에 맞춰 생활하거든요. 처음에는 쉬는 시간만 기다리지만, 얼마 지나지 않아 규칙에 적응하는 것도 1학년 아이들입니다. 다만, 한 가지 활동을 자리에 앉아 끝까지 마무리할 수 있는지 잘 지켜보세요. 동화책 한 권, 학습지 한 장쯤은 한자리에 앉아 거뜬히 해내면 문제없을 거예요.

학교에는 시간표가 있어요

오늘의
시간표

1교시	국어
2교시	수학
3교시	학교
4교시	우리나라
점심시간	
5교시	창체

한 손으로 수저를 꼭 잡고,
식판이 기울지 않도록 양손으로 잡아요.

"잘 먹겠습니다.", "고맙습니다."
인사를 해요.

더 먹고 싶을 때는
"조금만 더 주세요."라고 말해요.

남은 음식은 국그릇에 모아
퇴식구에 버려요.

하유정 선생님의 한마디

　　1학년이 되면 급식을 받는 것부터 정리하는 것까지 스스로 해야 합니다. 안전하게 급식을 받고 깨끗하게 정리하는 법을 알아야 하지요. 줄 서기, 음식 받기, 식사하기, 남은 음식 정리하기, 수저와 식판을 반납하기까지 전 과정을 가정에서 한두 차례 연습해 보세요. 수저를 쥔 채, 뜨거운 국물이 든 식판을 옮기는 일이 쉽지 않거든요. 잘할 수 있다는 자신감은 연습에서 길러집니다.

급식을 맛있게 먹어요

장난감은 가져가면 안 돼요.

비싸고 소중한 물건은 가져가면 안 돼요.

뾰족하거나 날카로운 물건은
가져가면 안 돼요.

군것질거리는 가져가면 안 돼요.

하유정 선생님의 한마디

학교에는 비싸거나 소중한 물건을 가지고 오면 안 돼요. 하지만 몰래 들고 오는 아이들도 있어요. 문제는 들고 온 물건이 갈등의 원인이 된다는 거예요. 친구가 함부로 물건을 만지려고 하거나 잃어버리기라도 하면 무척 속상할 거예요. 소중한 물건, 맛있는 간식은 집에서 즐기기로 약속해요.

학교에 가져가면
안 되는 물건을 알아요

축하해요!
오늘부터
1학년이에요.

100일 동안 준비했으니

씩씩하게 학교에 갈 수 있겠지요?

아직 서툰 것이 있어도 걱정하지 말아요.

앞으로 차근차근 배우고

익히면 되니까요.

연습이 더 필요한 부분은

선생님이 알려 준 내용들을 보면서

익숙해질 때까지 연습해 보세요.